“十三五”国家重点图书

Springer 精选翻译图书

U0184631

超宽带无线体域网

Ultra Wideband Wireless Body Area Networks

[斯里]Kasun Maduranga Silva Thotahewa
[比]Jean-Michel Redouté 著
[土]Mehmet Rasit Yuce

张 羽 李卓明 译

哈爾濱工業大學出版社
HARBIN INSTITUTE OF TECHNOLOGY PRESS

内 容 简 介

本书讨论了面向无线体域网应用的脉冲超宽带技术及其最新进展，并系统地介绍了一些现有的红外超宽带 WBAN 设计技术。结构上，第 2、3 章描述了 WBAN 应用场景下 UWB 通信的 MAC 协议，并给出了使用的 WBAN 通信方案和 MAC 协议设计，以及基于仿真的性能分析，以便读者在学习和研究过程中参考；第 4～6 章从便于读者进行硬件开发和系统复现的角度出发，主要介绍了脉冲超宽带的收发机硬件结构，并辅之以具体的双频段传感器节点开发和高能效超宽带 WBAN 系统实现，给读者以更直观的阐述和开发过程的借鉴；第 7 章讨论了脉冲超宽带植入式通信设备的电磁效应，从仿真模型和具体研究案例的角度给读者后续的系统设计提供参考。

本书介绍的无线体域网和超宽带概念，以及与之相关的通信协议、系统方案和硬件开发实例可以为关注或从事无线体域网相关专业领域的研究人员、工程师提供参考，也适合作为计算机科学、信息与通信工程等专业的高年级本科生或硕士研究生的专业课教材。

黑版贸审字 08-2018-076 号

Translation from the English language edition：
Ultra Wideband Wireless Body Area Networks
by Kasun Maduranga Silva Thotahewa，
Jean-Michel Redouté and Mehmet Rasit Yuce

图书在版编目(CIP)数据

超宽带无线体域网/(斯里)卡森·马杜南迦·席尔瓦索塔赫瓦(Kasun Maduranga Silva Thotahewa)，(比)吉恩-米歇尔·雷杜德(Jean-Michel Redouté)，(土)默罕默德·拉希特·尤斯(Mehmet Rasit Yuce)著；张羽，李卓明译. —哈尔滨：哈尔滨工业大学出版社，2021.4
书名原文：Ultra Wideband Wireless Body Area Networks
ISBN 978-7-5603-8617-1

Ⅰ. ①超… Ⅱ. ①卡… ②吉… ③默… ④张… ⑤李… Ⅲ. ①超宽带技术-应用-无线电通信-局域网-研究 Ⅳ. ①TN926

中国版本图书馆 CIP 数据核字(2020)第 013112 号

策划编辑 许雅莹 苗金英
责任编辑 周一曈
封面设计 高永利
出版发行 哈尔滨工业大学出版社
社　　址 哈尔滨市南岗区复华四道街 10 号　邮编 150006
传　　真 0451-86414749
网　　址 http://hitpress.hit.edu.cn
印　　刷 哈尔滨博奇印刷有限公司
开　　本 660mm×980mm　1/16　印张 11.5　字数 213 千字
版　　次 2021 年 4 月第 1 版　2021 年 4 月第 1 次印刷
书　　号 ISBN 978-7-5603-8617-1
定　　价 40.00 元

译者序

随着无线通信技术的发展，信息技术（Information Technology，IT）和通信技术（Communication Technology，CT）融合应用的趋势越来越明显，可应用的领域也越来越广泛。无线体域网（Wireless Body Area Networks，WBAN）是由可穿戴或可嵌入设备组成的无线传感网络，在医疗、保健、消费类电子等多个领域应用前景广阔。近年来，随着微电子技术的发展，可穿戴、可植入、可侵入的服务于人的健康监护设备已经出现，这些独立工作的传感器部件与有效利用通信资源的无线网络相结合，是信息通信技术在医疗和健康领域应用研究的热点方向。本书围绕超宽带技术与体域网的结合应用，从通信协议、应用场景、通信平台搭建以及技术适用性等几个方面为关注超宽带无线体域网技术的读者展开介绍。

感谢哈尔滨工业大学通信工程专业给予的环境支持，感谢王茂林、邓雪菲、刘宇琦、毛圣歌等同学的帮助。希望本书能够帮助读者从不同的角度了解无线体域网相关知识。

此外，译者在翻译过程尽可能尊重原文原义，尚存在不尽之处，也请读者见谅。

张羽　李卓明

哈尔滨

2021 年 1 月

前　　言

无线体域网(WBAN)是一种较新的网络技术,它利用可穿戴和植入式传感器节点来促进数据通信,无线健康监测是 WBAN 技术的一个关键应用领域。WBAN 通信系统可以很容易地集成到医疗保健和家庭环境中,提供了各种优势,如避免了访问医疗机构进行健康监测的束缚,便于患者保存和查看个人健康记录的服务,提供了当患者参与日常活动时监测健康信息的可能性。WBAN 应用中涉及的可穿戴和植入式通信设备要求具有小的外形尺寸、低功耗和从 kbit/s 到 Mbit/s 的可变通信速率,因此低成本和复杂度的硬件实现和低功耗是对 WBAN 中传感器节点的关键要求。脉冲无线电超宽带(Impulse Radio Ultra Wideband,IR-UWB)由于其固有的特点,如低功耗的发射机设计、低复杂度的硬件实现、开发小尺寸传感器节点的可能性和高数据速率通信能力,因此被认为是 WBAN 应用中一种有吸引力的无线技术。

本书讨论了面向无线体域网应用的脉冲超宽带技术及其最新进展,同时系统地介绍了一些现有的红外超宽带 WBAN 设计技术,对目前针对超宽带 WBAN 应用的 MAC 协议设计进行了全面的综述,详细讨论了 UWB 收发信机的各种硬件设计。基于 IR-UWB 的通信系统需要参照本书讨论内容的方式进行设计,这样可以增强 IR-UWB 发射机提供的优点,同时避免 IR-UWB 接收机引入的复杂性。本书还给出了一种双频通信系统的详细描述,其根本设计思想是使用 IR-UWB 进行传感器节点的数据传输,同时使用窄带通信技术进行数据接收。

本书的第 2、3 章描述了 WBAN 传感器节点的双频 MAC 协议的设计和评价,从丢包率、吞吐量、时延和功耗等关键参数出发,对 MAC 协议进行了基于仿真的性能分析。第 4 ~6 章描述了 WBAN 应用场景下完整通信平台的实现和评价,包括传感器节点、协作节点和计算机接口软件。可植入设备的无线通信是 IR-UWB 技术在 WBAN 应用中的另一个潜在领域,因此第 7 章用于描述

IR-UWB 技术在植入应用中适用性的可行性研究，主要探讨人体组织在红外线超宽频信号下的电磁及热能吸收，该章研究结果可以为可植入应用下的IR-UWB系统设计提供参考。

希望本书能够给从事超宽带无线通信领域研究工作的学生和研究人员提供帮助。书中特别给出了 UWB 系统的硬件设计，以便于读者的研究和硬件复现，这将有助于使用现有的组件进行研究，并开发实验用途的超宽带系统。最后，感谢所有在本书出版过程中提供帮助的各位，特别感谢 Tharaka Dissanayake博士对 UWB 天线有关内容提供的帮助，感谢澳大利亚莫纳什大学电气与计算机系统工程系为本书作者提供的研究设施；还要感谢出版商提供了机会，把这本书呈现给广大读者。

本书作者：
Kasun Maduranga Silva Thotahewa
Jean-Michel Redouté
Mehmet Rasit Yuce

目　　录

第1章　无线体域网和超宽带通信

由于世界性的人口老龄化问题，因此目前的医疗系统面临着新的挑战。在大多数国家中，老年人口（65岁以上）占总人口的比例很大。世界卫生组织（WHO）称，在2056年之前，每四个人中将有一个人年龄超过65岁[1]。随着对医疗设施需求的增加，研究人员将研究方向转向改善现有的基础医疗设施上。作为一个应对医院设施需求不断增加的解决方案，无创和动态的健康监测在现代医疗保健中越来越流行。它不仅在患者健康体征检测方面得到了应用，还广泛应用于运动领域中场上运动员的生命体征监测[2]。远程监控病人有很多好处，它能够很好地应对医院中物理基础设施需求不断增加的问题。随着移动医疗设备的使用，患者不需要亲自前往医院，重要的身体指标可以通过互联网传送到远程数据库。由于移动医疗设备是对患者的日常生活中的健康情况进行实时监控，因此其所获得的数据可以反映病人更真实的健康概况。如果可以远程监视一个高血压患者的血压一整天，那么医生可以更真实地观测该病人的血压在达到一定阈值之前是如何增加的。此外，它可以消除由于前往医院途中身体条件改变而产生的错误结果，也可以更好地追踪病人或运动员的健康史。早期健康预警系统也可以利用这种技术实现。一个高效的无线体域网（WBAN）能够给患者和医生提供上述所有益处。

1.1　无线体域网概述

随着无线传感器网络和小型化硬件技术的进步，在人体内和围绕人体的无线网络已经可以实现。WBAN（无线体域网）是一个网络化体系概念，这个概念与利用遍布人体内外的低功耗小型传感器监测人体的重要生理信号的思想一同发展起来。从这些传感器中收到的数据经由无线介质传送到远程节点，然后被转发到更高层的应用中进行分析解读。

WBAN通信可以分为三大类：体表节点和外部基站的通信、两个体表节点之间的通信、体内节点和外部基站的通信。这三个通信方案被命名为体外通信、体表通信和体内通信[3]。为发展、规范物理层（PHY）和介质访问控制

(MAC)协议,以实现人体内外及其周围的短距离、低功耗、高可靠的无线通信体系,IEEE制定了IEEE无线体域网标准(IEEE 804.15.6 TG6)[4]。该标准的近期进展见文献[5]。该标准确定了WBAN的以下几个工作场景:

① 体内到体内;

② 体内到体表;

③ 体内到外部;

④ 体表到体表(视距(LOS));

⑤ 体表到体表(非视距(NLOS));

⑥ 体表到外部(LOS);

⑦ 体表到外部(NLOS)。

WBAN应用广泛,如在医疗保健中对生理信号进行监测、用于个人娱乐和应用于在安全度苛刻的环境下监测工人的健康状况的工业通信中等。因此,要求WBAN能支持几bit/s到几Mbit/s的各种数据速率。由于近年来数据传感技术的进步,因此传感器收集的数据量急剧增加,对于高速数据传输系统的需求也增加了。例如,128通道的神经记录系统对实时无线数据传输速率的要求高达10 Mbit/s[6]。因此,要求WBAN能够支持高速率数据通信。无论是植入还是可穿戴式WBAN设备中的传感器节点,均由电池供电。因此,低功耗是WBAN通信的关键因素之一。此外,这些植入式和穿戴式传感器节点应该有一个小巧的外形。由于WBAN传感器节点与人体的距离很近,因此应该在各种规范的比吸收率(SAR)要求内工作。在WBAN设备中,无线技术的发射功率控制是非常重要的,一个WBAN网络的基本要求如下[7,8]:

① 支持可扩展的数据速率;

② 低功耗;

③ 外形小巧;

④ 发射功率可控;

⑤ 能够优先传输关键信号数据;

⑥ 保障数据传输安全性;

⑦ 能与其他无线技术共存;

⑧ 能在多用户环境中工作。

典型的WBAN使用三层网络结构,如图1.1所示为WBAN的三层通信拓扑结构。传感器节点和网关节点使用短程无线通信机制进行通信。网关节点可以选择通过短程无线通信链路或远程无线通信链路与协调器节点进行通信。协调器节点将数据转发到互联网,随后数据被转移到一个远程数据库。传感器节点以星型拓扑结构连接到网关节点,而几个网关节点可以使用相同的拓扑结构连接到协调器节点。无论是在植入式还是可穿戴式设备中,传感器节点总是与人体相连,而网关节点可以不与人体相连,因此,网关节点的功率不像传感器节点那样受到限制。网关节点可以使用短程的无线个人局域网(WPAN)或远程的无线局域网(WLAN)与协调器节点通信。WPAN 的通信范围为 10 m,而 WLAN 则扩展至 100 m 以上。

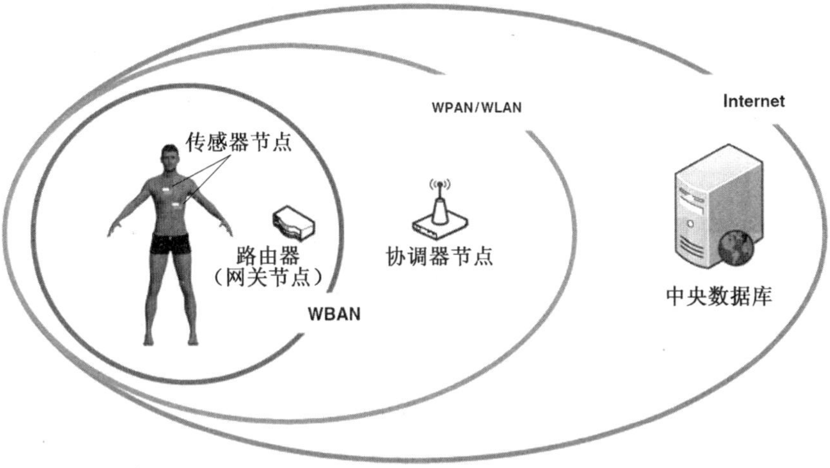

图 1.1　WBAN 的三层通信拓扑结构

WBAN 可以用于医疗和非医疗应用中。无线心电图(ECG)监测系统和无线神经记录系统是医疗应用中使用 WBAN 技术的例子。WBAN 也可用于非医疗领域,如游戏和智能家居控制[9]。用于医疗监控的 WBAN 系统有几个关键组成部分。传感器节点可以植入体内或放置在身体上,是发送重要的生理信息如心电图、脑电图(EEG)和体温到外面的节点。协调器节点或路由器节点用于收集由传感器节点发送来的信息并制定路由,将这些信息转发到基于计算机的应用程序上进行分析解释。如图 1.2 所示为 WBAN 的主要组成部分。

用于健康监测的 WBAN 同样继承了上述 WBAN 网络的几个关键要求。植入体内或附在体表的传感器节点由电池供电,所以更换电池产生的人为干预应保持在最低水平,尤其是植入式,因为它可能涉及外科手术。因此,要求 WBAN 的传感器节点功耗要低。信号的低传输功率限制了通信范围(通常为 0.1 ~ 2 m),其结果导致在 WBAN 中要求使用一个优化的复杂度低的 MAC 协议,以支持上述传感器节点的低功率操作。

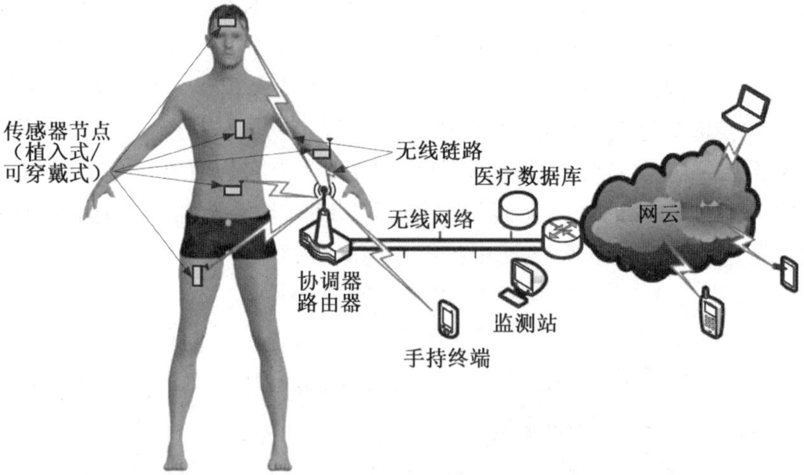

图 1.2　WBAN 的主要组成部分

WBAN 网络结构包括多层互相联系的网络。本书中提及的工作主要集中于传感器节点和其直接父节点的通信，其直接父节点可以是一个中央协调器或网关路由器。此后这种通信被命名为传感器层通信。一般小于 2 m 的短距离无线通信工作于传感器层。传感器层通信的特点如下：

① 传感器节点以星型拓扑结构连接到网关；

② 传感器节点具有有限的处理能力且对功耗要求非常严格；

③ 与传感器节点不同，网关节点具有更好的处理能力和更大的电池功率；

④ 大多是单向通信的，即从传感器节点到网关节点；

⑤ 从网关节点到传感器节点的通信主要包括网络信息和反馈。

由于 WBAN 的特定要求，其不同于一般的无线传感器网络（WSN）。WBAN 和 WSN 的区别见表 1.1。微电子阵列和神经记录系统等使用多信道监测的 WBAN 应用要求同时发送大量的数据。无线胶囊内镜（WCE）是另一种类型的 WBAN 设备，它需要更高的数据传输速率来传输高分辨率的视频。因此，传输医疗数据需要高数据速率。例如，8 位采样的一个 128 通道神经记录系统需要超过 10 Mbit/s 的数据传输速率[6]。使用有线连接进行数据传输不是在任何时候都可行的，因为传输线会限制患者的运动，并可能在外科手术过程中引入额外的痛苦（如在 WCE 中）。WBAN 的基本要求如下：

① 有限的传输范围（0.01 ~ 2 m）；

② 为使每个设备的电池寿命更长，要求睡眠模式下功耗极低（0.1 ~

0.5 mW)；

③ 支持从 1 kbit/s 到几 Mbit/s 可扩展的数据传输速率；

④ 服务质量(QoS) 支持对关键生理信号进行更好的处理；

⑤ 通过多跳网络后保持低延迟；

⑥ 设备外形小巧，质量轻。

表 1.1　WBAN 和 WSN 的区别

特性	WBAN	WSN
传感器位置	位于人体内或体表或和人体很接近的位置	覆盖很大的区域
拓扑结构	通常包括多个传感器节点和一个中央接收节点(网关节点)，所有传感器节点将直接与网关节点通信，形成一个星形拓扑结构	传感器之间基于网状拓扑结构连接，支持多跳连接，其中的每个传感器都可以充当路由器节点
数据类型	生理信号中的数据是周期性的，并且信号以一个固定的时隙发送，如一个温度传感器的发送频率可以是每分钟一次[10]	数据类型取决于具体的应用，传输时隙不规则
冗余度	由于空间有限，并且用来测量人体生理信号传感器位置受限，因此为测量任何一个生理信号，只能存在一个传感器，没有允许在 WBAN 节点处发生故障的冗余	多个传感器可以部署在 WSN 内，允许冗余，特别是在数据关键或传感器不可见的地区
移动性	人体运动是不可预测的，身体动作如弯腰或摆动手臂会影响节点的信道条件，对 WBAN 系统的干扰电平也因移动性而变得难以预料，当两个或更多的用户朝向彼此移动时，干扰电平将增加	WSN 的节点通常是固定的，使得信道条件更可预测
数据收集	多个接收器(如医生和护士携带的掌上电脑)用以在 WBAN 系统中收集来自传感器节点的数据	在中央数据库尽可能地收集数据

1.2　物理层无线技术在 WBAN 中的应用

目前已有若干种无线数据通信技术被考虑用于 WBAN 中,本节简要介绍其中的一些重要的无线技术。

1.2.1　紫蜂协议(Zigbee)

在包含物理层和MAC层[12]的IEEE 802.15.4标准上,Zigbee标准定义了网络、安全和应用层[11]。IEEE 802.15.4 标准的物理层支持多个频带的数据通信。在868 MHz 频带,它支持20 kbit/s 的单信道通信;在915 MHz 频带,它支持10路信道通信,每个信道40 kbit/s;在2.4 GHz频带,它支持16路信道通信,每个信道 40 kbit/s。IEEE 802.15.4 标准的 MAC 层是以载波侦听多址接入/避免冲撞协议(CSMA/CA) 为基础的。

Zigbee 网络拓扑结构定义了三类节点:终端设备、路由器节点和协调器节点。Zigbee 协调器节点开创网络并且管理网络资源。Zigbee 路由器节点能实现网络中设备之间的多跳通信。Zigbee 的终端设备与其父节点(路由器节点或协调器节点) 进行通信,并且运行极少的功能,以降低功率消耗。

Zigbee 联盟是为基于 Zigbee 的应用提供概要文件的主体。根据规定,基于 Zigbee 的医疗保健应用旨在无创医疗平台中使用。Crossbow 公司的 MICAZ[13] 是一个支持 Zigbee 通信的商用硬件平台。

Zigbee 技术在医疗应用中有几个缺点:它工作在 2.4 GHz 这个非授权的工业、科学和医疗(ISM) 频带,与 WLAN 和 Bluetooth 一起让 2.4 GHz 频带变得越来越拥挤;基于传感器节点的 Zigbee 功耗相当高的;例如,一种可商购的收发器 Chipcon IC(CC2420),在发射模式下电流消耗为17.4 mA,在接收模式下电流消耗为 19.7 mA[14]。

1.2.2　无线局域网

无线局域网(WLAN) 在 IEEE 802.11 标准中制定的物理和 MAC 层协议的基础上运行,不同版本的 IEEE 802.11 标准使用不同的物理层通信机制。例如,对于物理层的通信,IEEE 802.11g 标准采用正交频分复用(OFDM),而 IEEE 802.11b 标准采用直接序列扩频(DSSS)。尽管 WLAN 标准能够迎合 WBAN 应用对于高数据速率的要求,但是由于它功率消耗大,因此在 WBAN 应用中很少使用。例如,WLAN 发射机消耗功率大约为 82 mW[15]。

1.2.3　医用植入式通信服务

为将数据从植入设备传送到外部控制器，医用植入式通信服务（MICS）使用的是联邦通信委员会（FCC）分配的 401 ~ 406 MHz 频带[16]，在该频段中，有10个带宽为300 kHz的信道被分出来用以通信。使用MICS频带的通信设备的发射功率被FCC的条例限制在 -16 dBm。在MICS频带中使用低传输频率，使得植入式通信环境下传播损耗低。规定要求 MICS 收发器使用干扰抑制技术，以防止在同一频带内工作的其他无线电业务的干扰。MICS 设备使用先听后讲（LBT）技术，以便在开始通信之前收听无线信道。如果信道忙，MICS 收发器采用自适应频率捷变（AFA）技术，从而切换到另一个频道。然而，MICS 频带的使用仅限于低数据速率的应用，并且由于其带宽受限，因此不能用于需要高数据速率的 WBAN 应用。

1.2.4　蓝牙

蓝牙工作在2.4 GHz的ISM频带，并且使用跳频扩频（FHSS）技术来访问物理介质[17]。蓝牙的带宽为 2 402 ~ 2 480 MHz，覆盖了 79 个带宽为 1 MHz 的信道。它基于微微网拓扑结构进行通信，其中一个微微网中的任一设备具有与其他在同一微微网中的 7 个设备进行通信的能力。2009 年，低功耗蓝牙技术[18] 被提出以达到减少蓝牙设备功耗的目的。与 Zigbee 类似，蓝牙也受困于 2.4 GHz 频带的干扰，它还缺乏在数据速率和支持设备数量方面的可变性。

1.2.5　超宽带

UWB 通信的历史可以追溯到 1880 年 Hertizian 进行的火花间隙实验。Shannon 在 1948 年进行的实验凸显了扩频通信系统的优势。在 20 世纪 60 年代，UWB 引起了雷达应用界的注意。早期的 UWB 设备电能消耗大，因此 UWB 技术不被认为可以应用于数据通信。20 世纪下半叶，半导体器件的出现为低功耗的 UWB 信号生成技术创造了可能。2002 年，联邦通信委员会（FCC）首次做了批准 UWB 通信用于商业用途的报告[19]。根据此报告，UWB 被定义为具有大于20% 的频宽比（-10 dB 带宽）或至少500 MHz 的带宽的信号。FCC 对 UWB 传输功率进行了严格的限制，它制定了 0 dBm 的峰值功率限制和 -41.3 dBm/MHz 的平均功率限制。UWB 允许在 0 ~ 960 MHz 和 3.1 ~ 10.6 GHz 两个频段运行。2005 年，FCC 更新了其对 UWB 发射功率的规定，允许有门限的 UWB 传输系统传输更高的峰值功率[20]。2007 年 3 月，基于 Wi - Media UWB 通用无线电平台的 UWB 通信国际标准被国际标准化组织(ISO) 批准[21,22]。UWB 传输的频谱和其他现有的无线技术的频谱如图 1.3 所示。

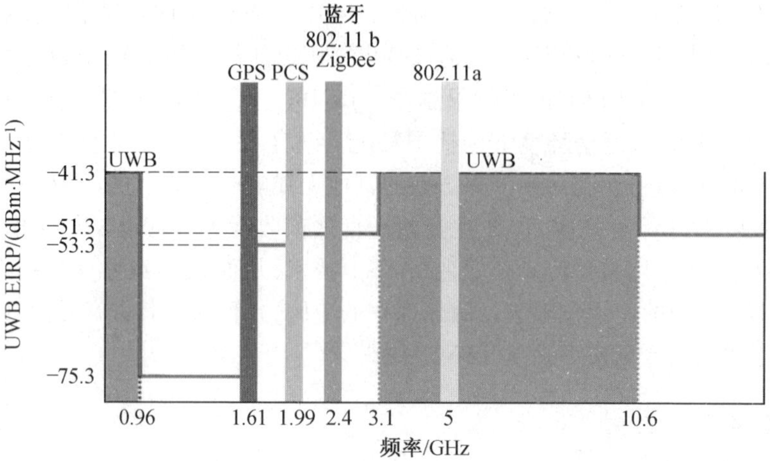

图 1.3　UWB 传输的频谱和其他现有的无线技术的频谱

UWB 通信系统可分为两大类：脉冲无线电超宽带(IR - UWB) 和多载波超宽带(MC - UWB)。MC - UWB 使用正交频分复用(OFDM) 技术利用多个子载波来传输数据，这个技术被无线媒体联盟用于无线多媒体传输。MC - UWB 技术消耗大量的功率，其涉及基于收发机的 OFDM 中的复杂信号处理。例如，Aleron 公司生产的无线媒体芯片集的功率消耗约为 300 mW[23]，因此它不适合对功率要求苛刻的 WBAN 应用。

IR - UWB 系统通过发送短脉冲来传输数据。UWB 发射机的脉冲特性使得其允许使用简单的调制方案，如脉冲位置调制(PPM) 和开关键控(OOK)。简单调制方案可以用较不复杂的硬件实现 IR - UWB 通信系统，并能显著降低功耗。这些由 IR - UWB 通信系统提供的优势使 IR - UWB 技术成为电池供电 WBAN 应用的合适选择。用于 WBAN 中的 IR - UWB 通信的一些主要优点将在后面章节讨论。

1.3　IR - UWB WBAN 系统及其优势

1. 优点

(1) IR - UWB 发射机的低功耗。

WBAN 是电池供电的设备。因此，在 WBAN 中的数据传输设备的功耗应保持在最低限度，以延长电池寿命，尤其是对植入式 WBAN 应用而言，更是非常关键，因为更换设备或电池将可能需要进行侵入式手术。

IR - UWB 发射机用离散脉冲来发送数据[24]，而传统的窄带发射机使用调制连续波信号进行无线传输。因为IR - UWB 发射机是离散脉冲传输的，所以数据传输时间的很大一部分是静止期，产生脉冲的电子元件可以在低功率模式下运行。与此相反，对于大多数的调制方案而言，传统的窄带发射机在数据发送期间自始至终连续地运转，这种数据映射方式的差异使得基于长工作周期无线技术的 UWB 功耗显著降低。

相比于连续波发射机，IR - UWB 发射机的实现值包含非常少的射频（RF）元件。事实上，在最先进的互补金属氧化物半导体（CMOS）技术的支撑下，IR - UWB 发射机的全数字实现是可行的[25]。相比之下，由于信号产生方式的特性，因此传统的窄带发射机广泛地使用高功率消耗的 RF 元件和模拟元件，如 RF 功率放大器（PA）和模拟锁相环（PLL）[26]。

此外，由于有更简单的数据映射，在 IR - UWB 发射机中不需要复杂的调制方案，这一特征更明显地节约了功率，因此在功率密集型 WBAN 应用中，比起传统窄带发射机，IR - UWB 通信技术有显著的优势。

（2）高数据速率功能。

IR - UWB 无线电设备映射数据位为非常短（持续时间纳秒计）的脉冲。这种方法隐含着一个载波抑制的数据传输方案，其中短脉冲表示信号，在频域中，信号的功率散布在很大的带宽上。根据香农容量定理，一个信道的数据速率容量线性正比于它的信道带宽，并且与信道的信噪比（SNR）的增加呈对数关系，这意味着 IR - UWB 信号利用高带宽特性能够传输更高的数据速率。基于窄带信号的连续波必须在高得多的频率下工作才能传输相同的数据速率[27]。在窄带信号中使用频率越高，将导致衰减越大，而这必须通过增加发射功率来补偿。因此，IR - UWB 传输系统能够在低功率下实现高数据速率，这使得它成为需要高数据速率的功率密集型 WBAN 应用的理想选择，如无线胶囊内镜检查系统[28,29] 和神经记录系统[6]。

（3）外形小巧。

体积小是植入式和穿戴式 WBAN 传感器节点的基本属性。IR - UWB 发射器可以只由少量电子元件制作而成，因此其所要求的设计空间是极小的。这个优越的性能使得 IR - UWB 成为 WBAN 传感器节点的合适选择。

（4）对多径干扰的敏感性。

IR - UWB 使用有限分辨率的脉冲来表示数据位。不同于连续波信号中多径分量总是与时域信号在接收端重叠的情况,IR – UWB 信号的多径效应可以很容易地在接收端避免和解决,因为多径分量与接收的窄脉冲在时域中重叠的概率很低[30,31]。当 IR – UWB 围绕存在很多多径分量的人体运行时,这是一个非常有用的特性。

2. 缺点

对 WBAN 来说,尽管 IR – UWB 技术有许多优点,但也有以下一些缺点需要被解决。

(1)IR – UWB 接收机结构的复杂性。

IR – UWB 信号使用窄脉冲来传输数据,并且为防止对其他系统的干扰,发送的信号功率被调整得非常低。IR – UWB 接收机必须能够检测到这些低功率的窄脉冲,这就要求在 IR – UWB 接收机前端采用高速模数转换器(ADC)和接收信号振幅放大,使得 IR – UWB 接收机在设计上变得复杂且功率消耗增加。这是 IR – UWB 系统的一个主要缺点,为将 IR – UWB 用于功率密集型 WBAN 应用,应该克服这个缺点。

(2)对来自其他无线传输系统的干扰的敏感性。

与载波系统情况不同,IR – UWB 信号功率遍布在很宽的带宽内,因此它对来自所有在 IR – UWB 信号带宽内工作的系统的干扰都是敏感的。载波信号接收的信号处理只需在特定的载波频率处考虑其抗干扰性,而对于 IR – UWB 系统,接收端的信号处理应考虑整个信号带宽的干扰抑制。这个问题可以通过选择对 IR – UWB 通信干扰最小的工作频带来克服。IR – UWB 发射机产生的 IR – UWB 脉冲流如图 1.4 所示,这个脉冲流由宽度 2 ns、脉冲重复频率(PRF)100 MHz 的 IR – UWB 脉冲组成。

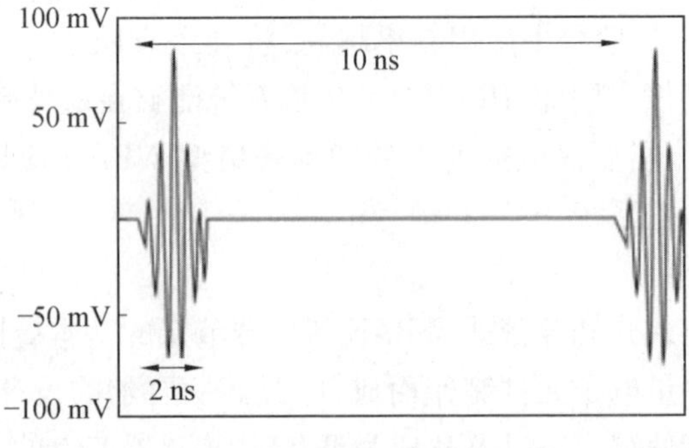

图 1.4　IR – UWB 发射机产生的 IR – UWB 脉冲流

1.4　用于 WBAN 应用的无线技术的比较

本节在数据速率性能、对干扰的敏感性、功耗和体积方面比较了 WBAN 应用中可选的无线技术。在 WBAN 应用中使用的无线技术见表 1.2。在现有的无线物理层技术中，UWB 和 WLAN 标准能够符合如神经记录和 WCE（无线胶囊内镜）等 WBAN 应用的高数据速率要求。然而，WLAN 由于功率消耗大，因此在 WBAN 应用中很少使用。MICS（医用植入式通信服务）由于其带宽容量有限，因此只能被用于低数据速率的 WBAN 应用。

表 1.2　在 WBAN 应用中使用的无线技术

特性	无线技术					
	Zigbee	WLAN		MICS	Bluetooth	UWB
频率	2.4 GHz	2.4 GHz	5 GHz	401 ~ 406 MHz	2.4 GHz	3.1 ~ 10.6 GHz
发射功率	0 dBm	10 ~ 30 dBm	10 ~ 30 dBm	– 16 dBm	0 dBm	– 41.3 dBm/MHz
信道数	16	13	23	10	10	—
信道带宽	2 MHz	22 MHz	20 或 40 MHz	300 kHz	1 MHz	≥ 500 MHz
数据速率	250 kbit/s	11 Mbit/s	54 Mbit/s	200 ~ 800 kbit/s	1 Mbit/s	850 kbit/s 到 20 Mbit/s
覆盖范围	0 ~ 10 m	0 ~ 100 m	0 ~ 100 m	0 ~ 10 m	0 ~ 10 m	2 m

Zigbee、Bluetooth 及 WLAN 工作在 2.4 GHz 的 ISM 频段，彼此之间产生了干扰[32,33]。UWB 的工作频段受到在 5 GHz 频段上工作的 WLAN 设备的干扰，但是可以在 3.1 ~ 10 GHz 的频带范围中选择 UWB 的工作频段。因此，如果 UWB 频带的子频段用于 UWB 通信，则可以避免上述原因产生的干扰问题。MICS 频带有一个专门用于数据通信的频带，因此它受到来自其他无线技术的干扰最小。

低功耗和小尺寸是在 WBAN 应用中使用的无线技术的重要因素。为评估一个特定无线技术的性能，有必要分析一些基于不同的无线技术发展起来的无线传感器平台。WBAN 应用的传感器平台见表 1.3。这些设备使用的是低电源电压，范围为 2 ~ 3 V。在可用的窄带传感器平台中，Microsemi（前身 Zarlink）平台提供了一款基于互补金属氧化物半导体（CMOS）的集成电路（IC）收发器，该射频收发器基于 MICS 和 433 MHz ISM 两个频带支持 WBAN

应用,而且功耗极低。这个 IC 被用在 Given Imaging 公司 PillCam WCE 设备的低功率窄带的植入式通信中[34]。MICA2DOT 传感器平台在一个小型传感器平台上提供了一个完整的硬件实现,然而,相较于 Microsemi 的窄带系统,其发射机的功率消耗是相当高的。文献[35]中提出了一个使用蓝牙收发机的小型穿戴式脉波监测系统,该系统的总电流消耗约为 51 mA,其中包括蓝牙收发机的电流消耗,在 3.3 V 的工作电压下,蓝牙收发机的电流消耗约为 21 mA。基于 Zigbee 和 2.4 GHz ISM 频带的传感器节点的功率消耗远高于其他传感器节点设计。表 1.3 中的对比表明,如果一个基于 UWB 的传感器节点主要使用发射机并且最小化/消除接收机的使用,它会在功耗、形状和数据速率方面比基于窄带的系统表现得更好。

表 1.3　WBAN 应用的传感器平台

传感器	公司	无线技术	频率	数据速率	几何尺寸	功率/电流	
						Tx.	Rx.
基于 UWB	文献[36]	UWB	3.5 ~ 4.5 GHz	10 Mbit/s	27 × 25 × 1.5 mm(板)	8 mW	—
	文献[37]	UWB - Tx. ISM - Rx.	Tx.- 3.5 ~ 4.5 GHz, Rx.- 433 MHz	Tx.- 5 Mbit/s Rx.- 19.2 kbit/s	30 × 25 × 0.5 mm(板)	3 mW	10 mW
	文献[38]	UWB	3.1 ~ 10.6 GHz	10 Mbit/s	3 × 4 mm^2(IC) 5 cm(板长)	0.35 mW	62 mW 和 10 Mbit/s
Mica2 (MPR400)	Crossbow[13]	ISM (控股公司)	868/916 MHz	38.4 kbit/s	58 × 32 × 0.7 mm(板)	27 mA	10 mA
MicAz	Crossbow[13]	Zigbee	2.4 GHz	250 kbit/s	58 × 32 × 0.7 mm(板)	17.4 mA	19.7 mA
Mica2DOT	Crossbow[13]	ISM (控股公司)	433 MHz	38.4 kbit/s	25 × 6 mm^2(板)	25 mA	8 mA
CC1010	TI[38]	Narrow band (控股公司)	300 ~ 1 000 MHz	76.8 kbit/s	12 × 12 mm^2(IC)	26.6 mA	11.9 mA
CC2400	TI[38]	ISM (控股公司)	2.4 GHz	1 Mbit/s	7.1 × 7.1 mm^2(IC)	19 mA	23 mA
基于 MICS	Microsemi-ZL70250 (前身 Zarlink)[39] 文献[40]	MICS	402 ~ 405 MHz 433 MHz ISM	800 kbit/s	7 × 7 mm^2(IC)	连续 Tx./Rx. 运行下 5 mA	
基于 Bluetooth	KK - 22[35]	MICS	402 ~ 405 MHz	8 kbit/s	—	25 mA	7.5 mA
		Bluetooth	2.4 GHz	115 kbit/s	18 mm^2(板)	连续 Tx./Rx. 运行下 21 mA	

由此可以得出结论:在 WBAN 传感器节点的设计方面,包括在满足 UWB 发射机的低功率、高数据速率、小尺寸及合理简单的电路设计的要求方面,UWB 技术相比于其他无线技术表现出了一些独特的优点。在抗干扰方面,UWB 频谱提供了一个大带宽,因此特定的应用可以选择一个 UWB 的子带使得来自其他频带的干扰最小化。此外,相较于 MC – UWB,IR – UWB 是更好的选择,因为它具有低复杂度和低功耗硬件的可实现性。在本书中,除非另有说明,否则 UWB 代表 IR – UWB。

1.5　本书主要讨论内容

本书重点关注以下几个 WBAN 和 IR – UWB 通信的重要领域。

(1) 基于 IR – UWB 的 WBAN 通信的硬件平台开发。

本书深入讨论了几种硬件设计技术,这些技术可以用于基于 IR – UWB 的硬件平台开发,包括 IR – UWB 收发器设计技术和完整的传感器节点实现。本书还介绍了一个使用 IR – UWB 发射机用于数据传输的独特的传感器节点设计和一个用于接收数据的 433 MHz 的 ISM 频带接收机的开发。此外,书中提到了能够加快与多个传感器节点数据通信的双频段协调器节点的开发。为开发出拥有最佳性能的 IR – UWB 发射机,书中对 IR – UWB 脉冲的各种性能,如上升时间、脉冲宽度和 PRF 等,进行了详细的分析。

(2) 为基于 IR – UWB 的 WBAN 制定的 MAC 协议。

MAC 协议在促进多个传感器节点之间可靠并且功率高效的通信中起关键作用。本书讨论了文献中出现的多种 MAC 协议,关注的是它们的关键要素,如功率效率、吞吐能力和数据传输延迟。本书还介绍了一个在 WBAN 应用中提供高效数据传输的 UWB MAC 协议,该 MAC 协议使用的是信标使能的超帧结构调度传感器节点之间的数据传输,因此降低了网络中的多址干扰。此外,该协议可以使用由窄带反馈路径发送的控制信令来动态地控制 UWB 的数据通信中每比特脉冲数的值,这在传感器节点处引起了动态 BER 和功率控制,有助于改善通信的可靠性和动态信道条件下传感器节点的功率效率。还介绍了一个使用 OPNET 建模工具[41] 开发的仿真平台,其中 OPNET 建模工具是一种商业可用的网络仿真软件。该仿真平台包含了许多 UWB 通信系统的重要特性,如基于物理层脉冲的 UWB 传输、IR – UWB 的多径和衰落特性、WBAN 信道模型以及多个用户的干扰等。这些仿真研究主要目的是在硬件实现之前探究 UWB 通信方式的可行性。在有大量参与通信的传感器节点的环境中,仿真研究也提供了一个分析 UWB MAC 协议性能的方式。

(3) 硬件平台上 UWB MAC 协议的实现与实验评估。

本书关注如IR – UWB信号的同步、数据包结构及随信道传播条件变化而动态配置的传感器节点等特征,讨论了 UWB MAC 协议的实现。同时,根据重要的性能指标,如误码率(BER)、延迟和传感器节点的功耗等,对MAC协议的性能进行了分析。

(4)UWB 通信中植入式应用的电磁效应分析。

对IR – UWB通信来说,高数据速率植入式通信是极具前景的发展方向之一。本书介绍了基于IR – UWB 的植入式通信系统中电磁效应的研究,如比吸收率(SAR) 和组织温度升高的变化,通过基于有限元算法的仿真,验证了植入式设备中 IR – UWB 通信的可行性。

参考文献

[1] http://www.who.int/topics/ageing/en/ (2013)

[2] M. R. Yuce, J. Khan, Wireless Body Area Networks: Technology, Implementation and Applications (Pan Stanford Publishing, 2011) ISBN 978-981-431-6712, 2011

[3] P. S. Hall, Y. Hao, K. Ito, Guest editorial for the special issue on antennas and propagation on body-centric wireless communications. IEEE Trans. Antennas Propag. 57(4), 834-836 (2009)

[4] http://www.ieee802.org/15/pub/TG6.html (2014)

[5] The IEEE 804.15.6 Standard (2012) Wireless body area networks

[6] M. Chae, Z. Yang, M. R. Yuce, L. Hoang, W. Liu, A 128-channel 6 mW wireless neural recording IC with spike feature extraction and UWB transmitter. IEEE Trans. Neural Syst. Rehabil. Eng. 17(4), 312-321 (2009)

[7] L. Huan-Bang, R. Kohno, Introduction of SG-BAN in IEEE 802.15 with related discussion. In: IEEE International Conference on Ultra-Wideband, pp. 134-139, Sept 2007

[8] M. R. Yuce, Implementation of wireless body area networks for healthcare systems. Sens. Actuators, A 162, 116-129 (2010)

[9] W. Tiexiang, W. Lei, G. Jia, H. Bangyu, A 3-D acceleration-based control algorithm for interactive gaming using a head-worn wireless device. In: 3rd International Conference on Bioinformatics and Biomedical Engineering, pp. 1-3, 2009

[10] K. Takizawa, L. Huan-Bang, K. Hamaguchi, R. Kohno, Wireless patient monitoring using IEEE 802.15.4a WPAN. In: IEEE International Conference on Ultra-Wideband, pp. 235-240, 2007

[11] IEEE-802. Part 15.4: wireless medium access control (MAC) and physical layer (PHY) specifications for low-rate wireless personal area networks (LR-WPANs). Standard, IEEE, 15 April 2006

[12] http://www.zigbee.org/ (2014)

[13] http://www.xbow.com/ (2014)

[14] http://focus.ti.com/docs/prod/folders/print/cc2420.html (2014)

[15] P. Madoglio, A. Ravi, H. Xu, K. Chandrashekar, M. Verhelst, S. Pellerano, L. Cuellar, M. Aguirre, M. Sajadieh, O. Degani, H. Lakdawala, Y. Palaskas, A 20 dBm 2.4 GHz digital out phasing transmitter for WLAN application in 32 nm CMOS. In: IEEE International Solid-State Circuits Conference Digest of Technical Papers, pp. 168, 170, 19-23 Feb 2012

[16] FCC Rules and regulations, MICS band plan, Part 95, Jan 2003

[17] http://www.bluetooth.com/Pages/Bluetooth-Home.aspx (2013)

[18] http://www.bluetooth.com/Pages/Bluetooth-Smart.aspx (2013)

[19] FCC 02-48 (First Report and Order) (2002)

[20] FCC 05-58: Petition for waiver of the part 15 UWB regulations. Filed by the Multi-band OFDM Alliance Special Interest Group, ET Docket 04-352, 11, March 2005

[21] ISO/IEC 26907:2007—Information technology—telecommunications and information exchange between systems—high rate ultra wideband PHY and MAC standard (2007)

[22] http://www.wimedia.org/ (2013)

[23] http://www.alereon.com/products/chipsets/ (2013)

[24] M. R. Yuce, H. C. Keong, M. Chae, Wideband communication for implantable and wearable systems. IEEE Trans. Microw Theory Tech. 57(2), 2597-2604 (2009)

[25] Y. Park, D. D. Wentzloff, An all-digital 12 pJ/pulse IR-UWB transmitter synthesized from a standard cell library. IEEE J. Solid-State Circuits 46(5), 1147, 1157 (2011)

[26] A. C. W. Wong, M. Dawkins, G. Devita, N. Kasparidis, A. Katsiamis, O. King, F. Lauria, J. Schiff, A. J. Burdett, A 1 V 5 mA multimode IEEE 802.15.

6/bluetooth low-energy WBAN transceiver for biotelemetry applications. IEEE J. Solid-State Circuits 48(1),186,198 (2013)

[27] K. Okada,N. Li,K. Matsushita,K. Bunsen,R. Murakami,A. Musa,T. Sato, H. Asada,N. Takayama,S. Ito,W. Chaivipas,R. Minami,T. Yamaguchi, Y. Takeuchi,H. Yamagishi,M. Noda,A. Matsuzawa,A 60-GHz 16QAM/ 8PSK/ QPSK/ BPSK direct-conversion transceiver for IEEE 802. 15. 3c. IEEE J. Solid-State Circuits 46(12),2988,3004 (2011)

[28] Y. Gao,Y. Zheng,S. Diao,W. Toh,C. Ang,M. Je,C. Heng,Low-power ultrawideband wireless telemetry transceiver for medical sensor applications. IEEE Trans. Biomed. Eng. 58(3),768,772 (2011)

[29] M. R. Yuce,T. Dissanayake,Easy-to-swallow wireless telemetry. IEEE Microwave Mag. 13(6),90-101 (2012)

[30] Y. Zhao,L. Wang,J. -F. Frigon,C. Nerguizian,K. Wu,R. G. Bosisio,UWB positioning using six-port technology and a learning machine. In:IEEE Mediterranean Electrotechnical Conference,pp. 352-355,16-19 May 2006

[31] G. Kail,K. Witrisal,F. Hlawatsch,Direction-resolved estimation of multipath parameters for UWB channels:A partially collapsed Gibbs sampler method. In:IEEE International Conference on Acoustics,Speech and Signal Processing,pp. 3484-3487,22-27 May 2011

[32] H. Hongwei,X. Youzhi,C. C. Bilen,and Z. Hongke,Coexistence issues of 2.4ghz sensor networks with other rf devices at home. In:International Conference on Sensor Technologies and Applications,pp. 200-205, June 2009

[33] A. Mathew,N. Chandrababu,K. Elleithy,S. Rizvi,IEEE 802. 11 & bluetooth interference:simulation and coexistence. In:Seventh Annual Communication Networks and Services Research Conference,pp. 217-223,May 2009

[34] http://www. givenimaging. com/en-us/Innovative- Solutions/ Capsule - Endoscopy/ Pillcam- SB/ Pages/default. aspx (2013)

[35] K. Sonoda,Y. Kishida,T. Tanaka, K. Kanda, T. Fujita, K. Maenaka,and K. Higuchi,Wearable photoplethysmographic sensor system with PSoC microcontroller. In:Fifth International Conference on Emerging Trends in Engineering and Technology (ICETET),pp. 61-65,2012

[36] H. C. Keong,K. M. Thotahewa,M. R. Yuce,Transmit-only ultra wide band (UWB) body sensors and collision analysis. IEEE Sens. J. 13,1949-

1958 (2013)

[37] K. M. Thotahewa, J-M. Redoute, M. R. Yuce, Implementation of a dual band body sensor node. In: IEEE MTT-S International Microwave Workshop Series on RF and Wireless Technologies for Biomedical and Healthcare (IMWS-Bio2013), 2013

[38] http://www.ti.com/ (2014)

[39] http://www.microsemi.com/ (2014)

[40] M. R. Yuce et al., Wireless body sensor network using medical implant band. J. Med. Syst. 31, 467-474 (2007)

[41] http://www.opnet.com/ (2014)

第2章　基于UWB的WBAN应用中的MAC协议

无线体域网(WBAN)是一个利用体内或体表的低功耗、小型化传感器的监测重要生理信号的思想一起发展起来的网络概念。在WBAN中,从传感器节点收集到的数据经由无线介质传送到远程节点,数据在远程节点被转发到更高层的应用进行分析解释。一个WBAN系统可能需要实时和定期的数据传输。因为WBAN传感器节点用电池供电,所以它们应该是低功率的设备。一个WBAN的传感器层通信同时包含了使传感器数据高效通信的WBAN硬件和介质访问控制(MAC)协议。本章的重点是研究当UWB无线通信技术被用于WBAN系统时MAC协议的核心要求;讨论了用于WBAN的无线技术在低功耗运行的情况下满足高数据速率需求的能力;突出介绍了与其他无线技术相比,超宽带(UWB)用于WBAN应用的主要优势。

2.1　引　　言

对无线医疗监测系统的基本要求是将体内或体表的传感器节点获取的生理信号发送到远端位置。由于大多数医疗传感器节点使用电池供电,因此低功率消耗对无线医疗监测系统来说是必要的。用于测量生理信号的新技术的出现增加了对高数据率传输系统的需求。UWB无线技术能够满足在保持低功率消耗和小外形的前提下实现高数据速率的要求。UWB技术的主要缺点在于其接收机的复杂性。由于脉冲宽度短且发射信号功率小,因此UWB接收机的前端电路设计复杂,功率消耗高[1]。使用小功率前端电路接收机的主要问题之一是IR-UWB脉冲的同步性,这限制了IR-UWB接收机在植入式应用中的使用。

UWB系统的MAC协议管理UWB信道的多址接入。用于UWB系统的MAC协议的设计必须能发挥UWB信号的优点,并克服如高接收机复杂度等缺点[2]。一般而言,基于载波监听和空闲信道评估(CCA)的MAC协议不适用于基于UWB的MAC协议,因为评估使用窄脉冲传输数据的宽带UWB信道的信道条件是非常困难的,对IR－UWB进行CCA不能使用峰值检测器、匹配滤波器或相关方法来实现[3]。文献[3]中提出了一种利用频域方法实现IR－UWB信号下的CCA,这种方法需要大量的窄带滤波器和能量检测器。文献[3]中所提出的电路设计能够对整个7.5 GHz频带的IR－UWB信号进行检测,它不适用于信道化的、只使用一个UWB子带的UWB系统。在信道化的UWB系统中,典型的传输带宽为500 MHz ~ 1 GHz。当强窄带干扰存在时,CCA回路中的大部分能量探测器会记录错误的读数。

UWB系统中的MAC协议可以选择使用随机介质访问或只发送的MAC协议实现UWB信道的多址访问。本章旨在对今年来发表的可能用于WBAN应用的UWB MAC协议进行优劣分析。

2.2　IEEE 802.15.6标准

IEEE 802.15.6标准[4]是第一个为体内和体表的无线通信定义MAC体系结构的标准。该标准定义了使用UWB和其他窄带技术的物理层通信,该标准建议使用星型拓扑结构来为WBAN中的无线节点构建一个网络,在超帧结构的帮助下,能在时域中实现多址访问。超帧被分为等长的时隙,这些时隙由控制无线介质共享接入的中央协调器分配给相互竞争的传感器节点。

IEEE 802.15.6标准支持以下三种通信模式[4]。

1. 有超帧边界的信标模式

超帧结构被信标分离开来,信标是在该通信模式下由协调器通过下行链路发送来的。这种传感器节点通信模式支持以下几种介质访问机制:排他访问、管理访问、随机访问和竞争访问。在超帧中,排他访问和管理访问的周期为拥有高优先级的传感器节点提供有保证的数据传输,而其他两个方法为优先级低的传感器节点提供数据传输。

2. 有超帧边界的非信标模式

这种通信模式不使用下行链路的信标为传感器节点指示超帧边界。相反,它使用通过诸如轮询之类的技术进行数据通信调度。协调器通过轮询技术调度每个独立传感器节点的数据传输,使得来自传感器节点的数据通信落在超帧结构内,这种通信方式是管理访问的一种。

3. 没有超帧边界的非信标模式

在这种通信模式下,预定义的超帧结构没被使用。数据通信通过轮询或公布的配置进行，其中配置中有协调器节点分配的某一定量时隙，而协调器节点可以被任何等待数据传输的传感器节点访问。

共享介质的访问由以下多种机制提供[4]：

(1) 使用分段 ALOHA 和 CSMA/ CA 的随机访问；

(2) 临时和不定期的访问机制，其中协调器节点以随机方式发送无须预约或无须预调度的轮询及委派的指令；

(3) 使用轮询的计划访问。

IEEE 802.15.6 标准中超宽带物理层(PHY) 规范旨在利用 UWB 信号提供高速率低功耗的数据传输。UWB 频谱范围为 3.1 ~ 10 GHz，被划分成 11 个信道，每个信道的带宽为499.2 MHz。PHY 规范同时支持 IR - UWB 和调频 UWB(FM - UWB)。本节只讨论 IR - UWB 的规范，因为 IR - UWB 发射机可以由低复杂度的硬件设计实现，更适合 WBAN 应用。

IEEE 802.15.6 标准支持三种不同的 IR - UWB 调制方案：开关键控(OOK)、差分二进制相移键控(DBPSK) 和差分正交相移键控(DQPSK)。基于 IR - UWB 的数据通信的物理层协议数据单元(PPDU) 如图 2.1 所示。

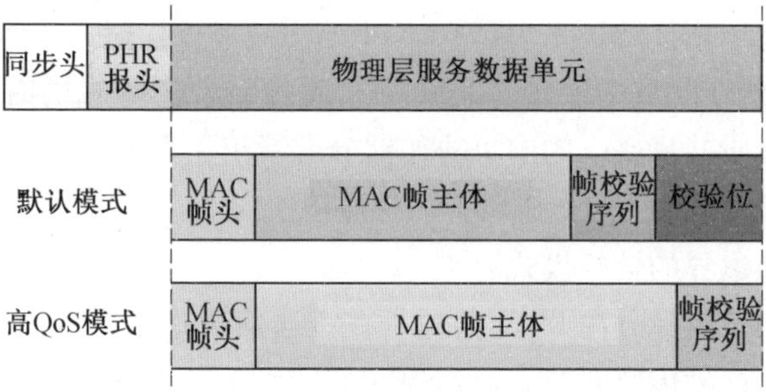

图 2.1　基于 IR - UWB 的数据通信的物理层协议数据单元(PPDU)

同步头(SHR) 提供了一个前导码位模式(长度为 63 的 Kasami 序列)，这是以窄脉冲为基础的 UWB 数据传输的必要部分。PHY 报头(PHR) 提供了 24 位的数据字段，用于表示通信参数，如数据率、MAC 帧体长度、脉冲类型(啁啾脉冲、混沌脉冲和短脉冲) 和调制方式。IEEE 802.15.6 标准也支持比特交织，比特交织技术使用模量交织器提供强大的数据传输以避免过长的连 1 和连0。因为难以对 UWB 进行 CCA，所以在 IEEE 802.15.6 标准中，推荐在基于 UWB 的 WBAN 中使用基于分段 ALOHA 的随机访问机制或基于轮询的介质访问机制。

虽然IEEE 802.15.6标准为WBAN应用定义了一个强大的标准,但它在WBAN应用中使用UWB时有几个缺点:它忽略了UWB收发器实现的几个关键的局限性,IEEE 802.15.6标准定义的MAC协议在传感器节点端使用的是UWB接收机,虽然UWB发射器相对来说并不复杂,但是UWB接收机的实现需非常复杂、非常耗电的电路设计;标准中定义的MAC协议忽略了通过工作制循环和门控脉冲传输技术最优化UWB的发射功率控制[5,6],其可以用来优化发射机节点的功率消耗,同时根据FCC对UWB传输的规定控制发射传感器节点的传输功率[7]。

2.3　IEEE 802.15.4a标准

IEEE 802.15.4a标准[8]是目前文献中讨论最多也是采用率最高的UWB应用标准。IEEE 802.15.4a标准已经是许多文献中基于UWB的MAC实现的灵感来源。

IEEE 802.15.4a主要用于低速率UWB应用和测距应用中。与IEEE 802.15.6标准相似,IEEE 802.15.4a标准也采用了信标使能的超帧结构进行UWB PHY层通信,时隙的最大数目被限制为16,超帧分为竞争访问期(CAP)和无竞争访问期(CFP)。CAP支持使用ALOHA的随机访问,而CFP为高优先级数据的通信提供保证时隙(GTS)。IEEE 802.15.4a标准的超帧结构如图2.2所示。

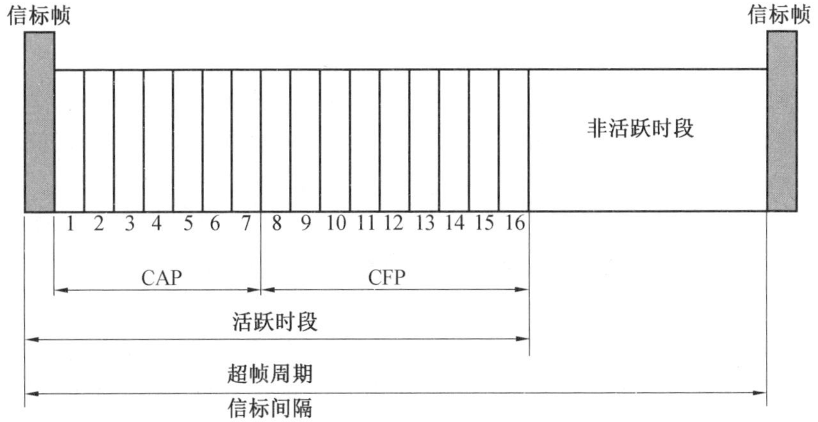

图2.2　IEEE 802.15.4a标准的超帧结构

文献[9,10]中深入研究了用于 WBAN 应用的 IEEE 802.15.4a 标准的性能。IEEE 802.15.4a 标准中的 MAC 层几乎与 IEEE 802.15.4 标准中的相同,主要区别为强制性信道访问机制换成了 ALOHA 或分段 ALOHA 而不是 CSMA / CA。因为难以对低功耗的 UWB 信号进行 CCA,所以这项修正是必要的。

在文献[9]中,WBAN 应用中的 IEEE 802.15.4a 标准的时延性能是根据两种类型的生理信号进行评价的,即连续信号和常规信号。生理数据如心电图(ECG)和脑电图(EEG)需要连续监测,因此它们被认为是连续的信号。常规信号包括需要定期监测的信号,如体温和血压。两种信号在 ALOHA 和分段 ALOHA 的信道访问机制下的延迟性能分析结果显示:当传送连续信号数据时,在最坏情况下分段 ALOHA 的延迟性能比 ALOHA 更好;当 GTS 的数目增加时,分段 ALOHA 的性能进一步改善。结果表明,当分段 ALOHA 中 GTS 的数目从 7 提高到 12 时,最坏情况下的延迟从 75 ms 降低到 25 ms。然而,对常规数据来说,ALOHA 相比于分段 ALOHA 具有更好的延迟性能。该结果还表明,对于常规信号,当 GTS 的数量增加时,分段 ALOHA 的性能会下降。在延迟方面,分段 ALOHA 监测连续信号的性能更好,但对常规信号监测不好。

文献[10]中对使用 IEEE 802.15.4a 通信的体表 WBAN 传感器节点进行了误码率(BER)分析。结果表明,当体表传感器节点的数目增加时,BER 将明显增大。分析表明,为保持可接受的 10^{-3}BER,体表传感器节点的最大数量必须限制为 6。该分析是基于单用户场景进行的,即所有传感器节点佩戴于单个患者身上。如果在同一区域内有其他用户,WBAN 系统的性能将显著降低。

IEEE 802.15.4a 标准具有与 IEEE 802.15.6 标准类似的缺点,如在传感器节点上频繁使用 UWB 接收机以及无视通过 UWB 物理层操作可以实现的动态功率控制能力。此外,它不支持高数据率通信,限制了 UWB 通信的优势。

2.4 基于 PSMA 的 MAC

文献[11,12]分析了用于医疗数据监测的 IR – UWB MAC 协议的流量和功耗性能。它提出了一个基于介质访问协议的 MAC 协议,称为前导感应多址访问(PSMA),其中 WBAN 传感器节点监听前置码,以检测信道条件是忙还是闲。每个传感器节点在数据包头添加一个前导码序列,信道中有这个前导码的存在表明该信道正忙。使用前导码序列的目的是最小化可能发生在基于能量或特征的传统 CCA 方法中的虚警和漏检[13]。受 IEEE 802.15.4a 标准启发,文献[11,12]推荐的 MAC 协议也使用信标使能的超帧结构。文献[12]中介绍的基于 PSMA 的介质访问方法如图 2.3 所示。

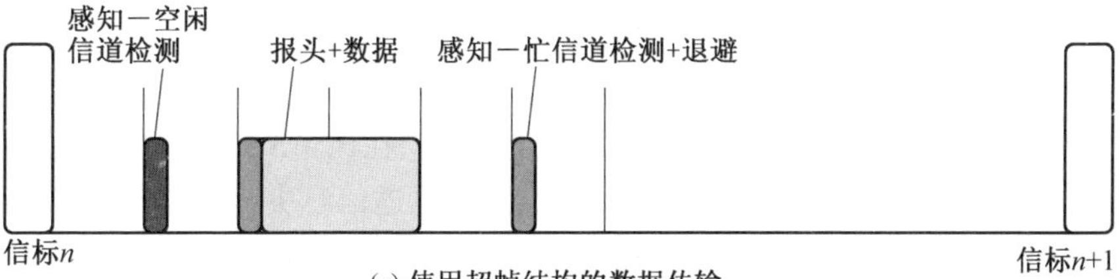

(a) 使用超帧结构的数据传输

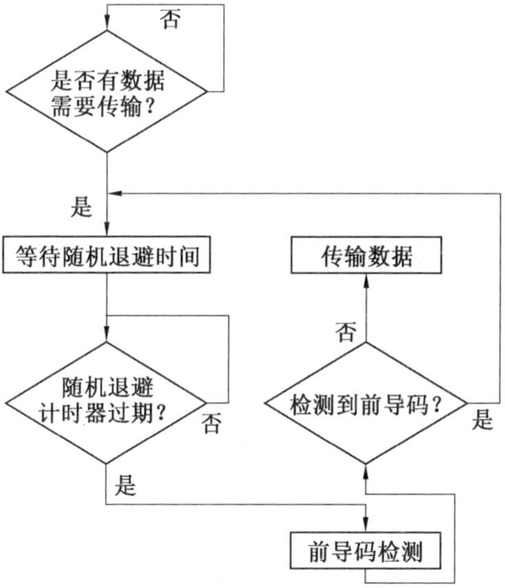

(b) 信道访问机制

图 2.3　文献[12]中介绍的基于 PSMA 的介质访问方法

文献[11]中的流量和能耗分析比较了基于 PSMA 的 MAC 与基于分段 ALOHA 的 IEEE 802.15.4a 标准的性能。结果表明,对于大量传感器节点组成的 WBAN,文中推荐的 MAC 协议在流量和能耗方面有更好的表现。

该 MAC 协议的主要缺点是,它假设了终端节点存在基于 IR－UWB 的接收机的存在来监测使用 PSMA 机制的信道。因此,它忽略了所有涉及在上述 WBAN 传感器节点使用 IR－UWB 接收器的复杂性。对于两个或更多的传感器节点同时执行前导码感测并导致明显冲突的情况,它没有提供解决方法。

2.5　基于排他区域的 MAC 协议

文献[14] 提出了一个以发射和接收天线的方向图和方向性为基础而开发的 MAC 层协议。排他区域(ER) 被定义为环绕某一接收器的区域,使得一个 ER 内的发射机传感器节点彼此造成干扰。然而,不是位于一个 ER 内的发射机传感器节点不会在目标接收机处产生干扰。在该 MAC 协议中,暂时使用跳时码(TH 码) 将同一 ER 内传感器节点的数据通信解决,而位于不同 ER 的传感器节点可以同时传输数据,所有传感器节点异步传输数据。该 MAC 协议的主要目的是最小化可能发生在多 UWB 传输环境下的干扰,同时在互不相交的 ER 中使用并行传输以最优化吞吐量。基于 ER 的 UWB 通信如图 2.4 所示。

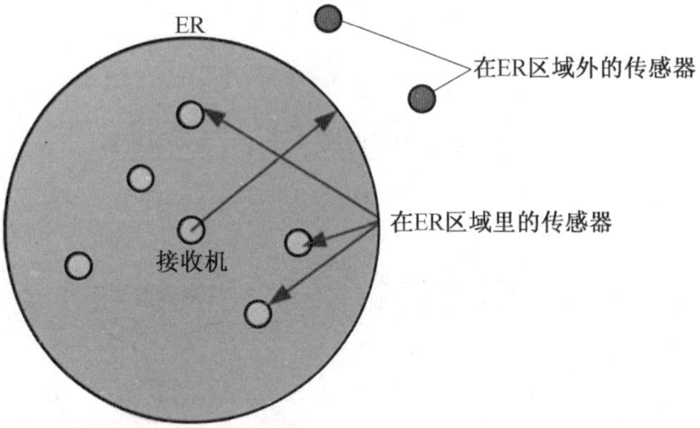

图 2.4　基于 ER 的 UWB 通信

虽然这种 MAC 协议解决了超宽带多址技术中的干扰抑制问题,但是它没有调查重要条件的效果,如脉冲同步以及同一 ER 中传感器节点的多址技术。它还假定一个传感器节点可以通过精确的测距能力确定其是否在某一 ER 范围内。

2.6　UWB^2

用于 UWB 网络的不协调无线基层接入(UWB^2) 协议[15,16] 利用正交跳时码在共享介质中实现多址接入。在这个协议中,每个节点都使用一个独一无二的 TH 码,这个 TH 码是使用文献[17] 中提供的方法生成的。普通的 TH 码用于传输控制信息和传感器初始化。

在初始化时,一个传感器节点使用普通的TH码发送一个链路建立(LE)帧,用于传感器初始化的帧结构和数据帧结构如图2.5所示。在此LE帧中,该传感器节点提出一个TH码,用于传感器和协调器之间的通信,然后协调器节点回复一个链路控制(LC)信息,并收听分配给传感器节点的TH码。传感器初始化之后是数据通信,使用了所提出的TH码和如图2.5(b)所示的数据帧格式。UWB^2 MAC协议同时支持已确认和未确认的数据通信。该MAC协议的主要优点是通过使用正交TH码,避免了对CCA的要求。虽然该MAC协议假定在传感器节点端使用UWB接收机接收协调器发来的LC消息,但是由于避免了CCA,因此节省了很多能量。能源消耗的降低使之更适用于WBAN应用。

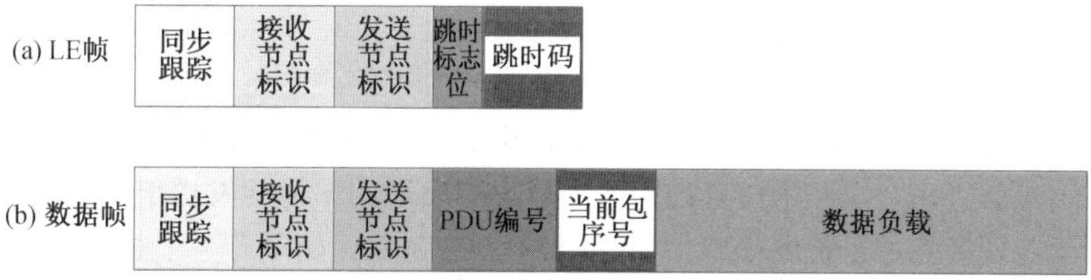

图2.5　用于传感器初始化的帧结构和数据帧结构

在LC帧丢失的情况下,该MAC协议没有提供一种方法来重新初始化数据传输。在丢失LC帧的情况下,来自该传感器节点的数据传输可能会被长期抑制。此外,当使用普通TH码作为控制信息时,可能会发生冲突,而该MAC协议没有提供一个方法来避免或最小化这种冲突。

2.7　U－MAC

文献[18]中描述的U－MAC协议提出采用主动适应性而不是反应性方法进行UWB MAC的设计。在某种意义下,它具有适应性并且是主动的,因为它利用hello信息让传感器节点报告它们的本地情况,以此向传感器节点动态分配传输功率和数据速率。这些消息在一个所有传感器节点已知的固定的功率电平上发送。在接收hello信息时,传感器节点可以判定邻近传感器节点的距离信息,这个信息可以用来动态地调整传感器节点的发射功率电平。相比于其他基于UWB使用协调器中心方法的MAC协议,该MAC协议提供了一个以传感器为中心的网络组织方法。根据对传感器数据的QoS要求,该MAC协议还支持优先传输机制。类似于UWB^2协议,U－MAC也采用独特的

TH 码，以便提供对共享介质的多址访问，控制消息是由一个通用 TH 码发送的。U - MAC 中的传感器初始化程序如图 2.6 所示。

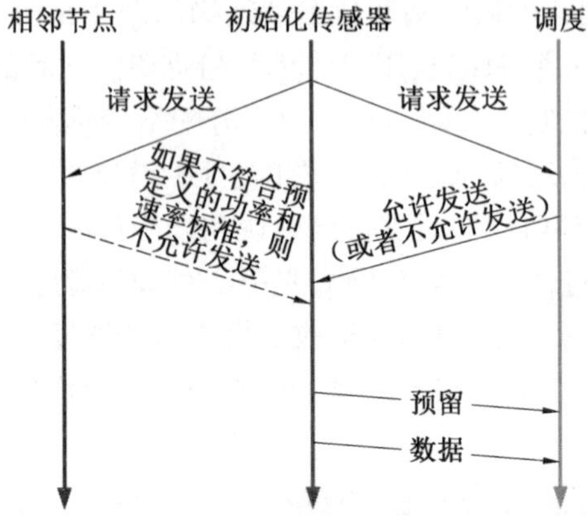

图 2.6　U - MAC 中的传感器初始化流程

在接收请求发送(RTS) 信息时，相邻的传感器节点将确定一个新的传感器节点是否正在以一个可容许的数据速率和发射功率标准发送信息，这些标准由相邻节点的干扰电平和信噪比(SNR) 来确定。如果有一个相邻的传感器节点或协调器节点不同意新传感器的参数，将会发送一个不允许发送(NCTS) 信息。接收到 NCTS 意味着这个新的传感器节点必须减少发射功率或数据速率。如果新传感器的参数是可以接受的，协调器节点将回复一个允许发送(CTS) 信息，与此同时，相邻传感器节点禁止发送任何信息。初始化后进行数据传输，根据传感器节点的要求，可以利用 Hello 信息在数据传输过程中对链路参数进行动态调整。

虽然这个 MAC 协议允许更加动态地利用 UWB 信道资源，但是它把很重的处理负荷分给了传感器节点。在 WBAN 环境中，建议最小化传感器节点端的处理过程以降低功耗。类似于 UWB^2 MAC 协议，U - MAC 也在传感器节点端放置一个 UWB 接收机，以便接收 Hello 信息以及其他控制消息，从而导致功率消耗的增加和复杂的硬件实现。

2.8　DCC - MAC

文献[19,20] 提出的 DCC - MAC 协议使用动态信道编码(DCC) 技术来减轻多址干扰。相比于 2.3 节和 2.6 节使用的功率控制机制，该 MAC 协议假设所有传感器节点以最大可允许发送功率发送信号。为减轻在 PHY 层的多址干扰,该 MAC 协议提出了一种跨层技术。协调器端接收到的 UWB 脉冲振幅将与预定义的阈值进行比较。由于所有的传感器节点使用预先定义的发射功率发送,因此用于特定传感器节点的期望接收功率可以通过使用超宽带测距技术的协调器来确定。如果接收到的脉冲振幅超过了阈值电平,则意味着在协调器处存在冲突。这个设想被用于 DCC - MAC,以便在协调器端识别和消除错误数据。

为实现动态信道编码,该协议使用了速率兼容删除卷积(RCPC)[19] 码。与 UWB^2 及 U - MAC 情况一样,共享介质多址访问也是通过 TH 码实现的,该 TH 码是在传感器节点处使用随机数生成器本地产生的。

当涉及传感器节点端 UWB 接收机的使用时,此 MAC 协议与 UWB^2 及 U - MAC 具有相同的缺点。它以物理层的复杂度为代价来减轻干扰,并且,大量的处理工作被分配给传感器节点,从而导致功率消耗的增加。它假定传感器节点总是以最大可允许发射功率发送信号。虽然这在干扰抑制和优化吞吐量方面有一些优势[21],但需要一个功率控制方法来更好地适用于功率短缺的超宽带 WBAN 应用。它还假定每个数据包都存在再同步,这将引起开销的增加。相反,在 WBAN 应用中,推荐每次会话同步一次。

2.9　IR - UWB 的多频带 MAC 协议

文献[22] 提出了通过给每条传感器与协调器之间的数据通信链路分配一个唯一频带的多址接入。在该 MAC 协议中有一个公共控制信道,其被分配在一个特定的频带,用于传感器的初始化和控制消息的传送。控制和数据通信频带都占用了 500 MHz 带宽,公共控制信道使用 TH 码来实现多个用户共享。这个 MAC 协议的主要优点是它可以用于多个传感器节点的并行数据传输,因为它们使用不同的频带。这有助于降低冲突的概率,从而提高吞吐量并降低延时,对高数据率 WBAN 应用来说是理想性能。

超帧结构被用于传输数据和控制信息。一个超帧被分为 15 个序列帧,每个序列帧对应一个频带的数据传输。一个可用帧位于两个超帧之间,用于指示特定频带用于数据传输的可用性。如果一个传感器节点想在一个特定频带继续传输数据,则它必须在分配的相关时隙内发送连续 UWB 脉冲表示该频带已被占用。通过在有效帧对应的时隙中感测那些 UWB 脉冲,其他传感器节点可以确定某一特定频带是可用的还是已被占用。多频段 MAC 的超帧结构如图 2.7 所示。

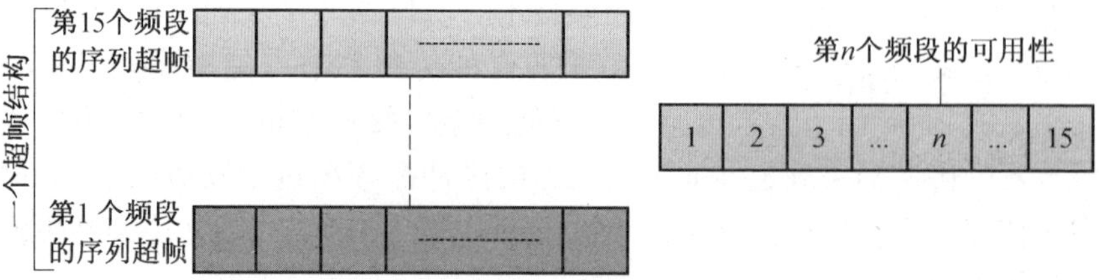

图 2.7　多频段 MAC 的超帧结构

为发送不同频带的数据，该 MAC 协议要求传感器节点在多个频率模式下操作。此方法增加了传感器节点的硬件复杂度，这在 WBAN 应用中是不利的。另外，它也增加了将数据信号调制成 TH 码以访问所述公共控制信道的复杂度。传感器节点必须在有效帧期间感测窄 UWB 脉冲，隐含意思是在传感器节点处要有 UWB 接收机，而且脉冲感测程序要消耗能量。Broustis 等[22] 没有规定如何在该 MAC 协议中实现节点同步。

2.10　脉冲发生器

"PULSERS" 项目[23] 使用了 IEEE 802.15.4a 标准超帧结构的一个变型为高 QoS 要求的传感器节点提供高输送速率保障。它扩展了 CFP(无竞争访问期) 以简化 IEEE 802.15.4a 标准中优先级业务的 GTS(保证时隙)。CAP(竞争访问期) 被限制为两个时隙，其中，初始化信息和控制信息交换了位置。当传感器节点想要发送数据时，它会占用 CAP 中的一个空闲时隙，请求在下一超帧的 CFP 中分配给其一个 GTS。因此，该 MAC 协议遵循一个基于提供多路访问共享 UWB 信道的方法的时分多址(TDMA)。

这个 MAC 协议非常适合具有高数据速率要求的 WBAN 应用，它也提出了一个对等中继机制，其使用的是在初始化过程中被所有传感器节点知晓的静态路由表。该机制有助于分散网络的控制权，因此降低了等待时间。在 MAC 协议使用的数据传输时隙之间，传感器节点可以设置为被动模式，因此可以降低功耗。

当涉及 WBAN 应用时，该 MAC 协议具有 IEEE 802.15.4a 标准 MAC 协议的所有缺点。基于 TDMA 的多址机制依赖于精确的定时同步，但目前尚未提出用于该 MAC 协议的同步机制。

2.11　只发送MAC

当涉及基于UWB技术的WBAN应用时,以上讨论的MAC协议大都有其局限性。许多MAC协议的设计未考虑在硬件设计中产生的实际约束条件。尽管IR-UWB发射机消耗较低的功率,但是IR-UWB接收机需要检测低功率电平的脉冲,导致接收机结构复杂和功率消耗高。例如,在文献[24]中讨论的CMOS IR-UWB发射机具有2 mW的功率消耗,而IR-UWB接收机消耗功率高达32 mW[25]。在传感器节点处添加一个IR-UWB接收机将增加其功率消耗以及设计的复杂性。植入或穿戴式的传感器节点由电池供电,因此传感器节点的功耗是确定一个MAC协议效果的关键因素。在文献[5,26]中提到的只发送MAC协议使得在传感器节点端使用仅发射的硬件设计成为可能。

仅发送MAC协议有异步的性质,因此在接收端,为防撞和同步,它面临着一些挑战。为克服这些挑战,其设计具有以下特性:

(1) 数据包以远远高于所需要的数据速率发送,可以使传感器节点可能获得最佳睡眠时间以等待下一组数据的传输;

(2) 每个传感器在预先分配的唯一传输时隙进行发送以最小化碰撞的发生;

(3) 同一区域的每个WBAN被分配特定的脉冲速率;

(4) 传感器节点在没有提前知道信道条件的情况下发送;

(5) 网络中没有反馈。

WBAN仅发送MAC协议的超帧结构如图2.8所示。

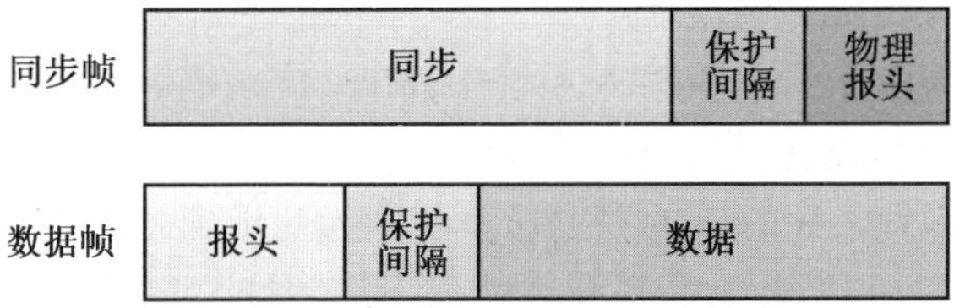

图2.8　WBAN仅发送MAC协议的超帧结构

当一个传感器节点首次连接到该网络时,同步帧结构被用于在网关节点协助其自同步。保护间隔紧接在初始同步过程之后,以保证接收机准备接收物理报头(PHR)中的信息。PHR包含调频斜率、码元速率和下一个传输窗口的定时信息。在建立与网关节点的初始通信之后,数据帧将用于接下来的数据传输中。该数据帧有一个短的前导码,这有助于接收机实现保护间隔之前的精细同步使接收机准备接收数据。此数据帧的开销保持在最低限度,以保持较短的发送周期,从而减少碰撞的机会。

虽然仅发送MAC协议解决了WBAN传感器节点UWB接收机的高功率消耗问题,但是它有以下几个缺点:

(1) 当网络流量增加时,因脉冲的异步传输而产生的冲突数量将对网络中的数据发送能力产生不利影响;

(2) 没有反馈途径来根据变化的信道条件动态地调整发射功率;

(3) 网络的重新规划需要对传感器节点进行人为干预。

在传感器节点处实现低功耗的同时,通过使用窄带接收机来消除关于网络的重新配置和网络扩展问题,可以进一步改善这个MAC协议(见文献[27])。文献[27]中描述的MAC协议利用一个窄带接收机在传感器节点上接收性能反馈,如接收BER。该MAC协议将在第3章进一步介绍。

2.12 用于WBAN应用的基于UWB的MAC协议对比

当用于WBAN应用时,以上讨论的MAC协议在不同区域中各具优势。基于以下性能指标,MAC协议对比见表2.1。

(1) 能量效率。影响一个MAC方案能源效率的因素是因协议开销、空闲侦听、碰撞、发射和接收干扰而产生的能量浪费。

(2) QoS。由于传感器节点收集的数据的敏感性,因此服务质量(QoS)是WBAN系统的一个关键性能。如果服务质量差且数据可靠性低,则可能导致错误的诊断甚至可能危及生命。

(3) 优先级业务。在WBAN系统中,MAC应该能够支持按需业务并提供以最短延迟可靠地发送重要数据的方法。

(4) 可扩展性。WBAN的数据速率范围为几千到几十兆字节。WBAN系统中节点的数量可以从一个到几十个变化。因此可扩展性是一个需要在WBAN的MAC体系中慎重考虑的重要因素。

(5) 延迟。WBAN包含对时间要求苛刻的数据,因此延迟是需要在WBAN的MAC体系中慎重考虑的另一个重要因素。

(6) 抗干扰。由于WBAN节点是移动的,因此信道条件是不断变化的。信道条件将在其他WBAN用户集聚的区域显著下降,因此MAC体系对多网络干扰具有鲁棒性。

(7) 信道接入。WBAN 包括体内和体外节点。当选择信道接入方式时，应将节点的类型和物理层的特性纳入考虑范围内以确保系统的可靠性。

表 2.1　MAC 协议对比

性能属性	能量效率	QoS	优先级业务	可扩展性	延时	抗干扰	信道访问
IEEE 802.15.6[4]	×	√	√	√	×	×	随机 - ALOHA
IEEE 802.15.4a[8]	×	×	√	×	×	×	随机 - ALOHA
基于 PSMA MAC[11,12]	×	×	√	×	×	√	随机 - PSMA
基于 ER MAC[14]	×	×	×	√	√	√	空间复用 TH 码
UWB^2[15,16]	√	×	×	×	×	√	TH 码
U - MAC[18]	√	√	×	√	×	√	功率管理 TH 码
DCC - MAC[19,20]	×	×	×	×	×	√	TH 码
多频段 MAC[22]	×	×	×	×	√	√	频分
PULSERS[23]	×	√	√	×	×	×	时分
只发送 MAC[5,26]	√	×	×	√	√	×	随机 - 速率分配
UWB - Tx 和 NB - Rx MAC[27]	√	√	√	√	×	√	随机 + TDMA

2.13　本章小结

UWB WBAN 系统应作为 MAC 协议和 UWB 硬件平台的组合。UWB 系统中的 MAC 协议应该以某种方式设计，使得它能够发挥 UWB 信号提供的优点，并克服那些缺点，尤其是接收机的高复杂度。本章介绍的 MAC 协议没有考虑对 UWB 系统的物理层性能的控制，如每个数据比特的脉冲数目和传输占空比，这些性能可以并入 MAC 算法，以使系统在数据速率和 QoS 方面更能根据情况动态变化。这些研究在上行链路和下行链路通信中都考虑使用 UWB，因此不考虑 UWB 接收机引入的复杂性。尽管文献[5,24]中提出的只发射 MAC

协议解决了由于在 WBAN 传感器节点处使用 UWB 接收机而产生的高功耗问题,但有一些缺点。当网络流量增加时,由 UWB 脉冲异步传输产生的冲突将对网络的数据传递能力产生不利影响,这里没有任何反馈路径能够根据变化的信道条件动态地调整发射信号。网络的重新编排需要对传感器节点人工干预。每个患者不得不占用不同的接收器节点,因为不同的脉冲重复频率被用来识别不同的用户。

为避免使用耗电的UWB接收器并增加数据传输的可靠性,一个使用窄带反馈路径来进行传感器节点之间控制消息通信的 MAC 协议将在第 3 章中介绍。通过引入窄带反馈系统,可以实现一个更动态的降低功率并涉及跨层设计的方案。在传感器节点端使用窄带接收机可以降低计算复杂度,简化了电路设计。双波段传感器节点能在上行链路和下行链路同时通信时减少通信延迟。通过使用窄带接收器,结合适当的 MAC 协议,可能实现更加动态的网络配置,因此能够支持更多传感器节点、更加动态的发射功率配置以适应变化的信道条件。窄带接收机还能控制UWB各种物理层特性,如每个数据位发送的IR - UWB脉冲数和传感器节点数据传输的占空比,从而提供一种功率有效的方式来控制网络的性能。

参考文献

[1] M. R. Yuce, T. N. Dissanayake, H. C. Keong, Wideband technology for medical detection and monitoring, recent advances in biomedical engineering. ed. by G. R Naik, ISBN: 978-953-307-004-9, InTech, 2009

[2] K. M. S. Thotahewa, J. -M. Redoute, M. R. Yuce, Medium access control (MAC) protocols for ultra-wideband (UWB) based wireless body area networks (WBAN), ultra-wideband and 60 GHz communications for biomedical applications (Springer, 2013) ISBN: 978-1-4614-8895-8

[3] N. J. August, H. J. Lee, D. S. Ha, Enabling distributed medium access control for impulsebased ultrawideband radios. IEEE Trans. Veh. Technol. 56, 1064-1075 (2007)

[4] http://www.ieee802.org/15/pub/TG6.html (2014)

[5] H. C. Keong, M. R. Yuce, Analysis of a multi-access scheme and asynchronous transmit-only UWB for wireless body area networks. In: 31st Annual International Conference of the IEEE Engineering in Medicine and Biology Society (EMBC'09), pp. 6906-6909 (2009)

[6] R. J. Fontana, E. A. Richley, Observations on low data rate, short pulse UWB systems. In: IEEE International Conference on Ultra-Wideband, pp. 334-338 (2007)

[7] FCC 02-48 (First report and order) (2002)

[8] IEEE-802.15.4a-2007. Part 15.4: wireless medium access control (MAC) and physical layer (PHY) specifications for low-rate wireless personal area Networks (LR-WPANs): amendment to add alternate PHY. Standard, IEEE (2014)

[9] K. Takizawa, L. Huan-Bang, K. Hamaguchi, R. Kohno, wireless patient monitoring using IEEE 802.15.4a WPAN. In: IEEE International Conference on Ultra-Wideband, pp. 235-240 (2007)

[10] D. Domenicali, M. G. Di Benedetto, Performance analysis for a body area network composed of IEEE 802.15.4a devices. In: 4th Workshop on Positioning, Navigation and Communication, pp. 273-276 (2007)

[11] L. Kynsijarvi, L. Goratti, R. Tesi, J. Iinatti, M. Hamalainen, Design and performance of contention based MAC protocols in WBAN for medical ICT using IR-UWB. In: IEEE 21st International Symposium on Personal, Indoor and Mobile Radio Communications Workshops, pp. 107-111, 26-30 Sept 2010

[12] J. Haapola, A. Rabbachin, L. Goratti, C. Pomalaza-Raez, I. Oppermann, Effect of impulse radio-ultrawideband based on energy collection on MAC protocol performance. IEEE Trans. Veh. Technol. 58, 4491-4506 (2009)

[13] B. Zhen, H. -B. Li, S. Hara, R. Kohno, Clear channel assessment in integrated medical environments. EURASIP J. Wireless Commun. Netw. 8(3), 1-8 (2008)

[14] L. X. Cai, X. Shen, J. Mark, Efficient MAC protocol for ultra-wideband networks. IEEE Commun. Mag. 47(6), 179-185 (2009)

[15] M. -G. D. Benedetto, L. D. Nardis, G. Giancola, D. Domenicali, The aloha access $(UWB)^2$ protocol revisited for IEEE 802.15.4a. ST J. Res 4(1), 131-141 (2006)

[16] M. -G. D. Benedetto, L. D. Nardis, M. Junk, G. Giancola, $(UWB)^2$: uncoordinated, wireless, baseborn medium access for UWB communication networks. Mob. Netw. Appl. 10(5), 663-674 (2005)

[17] R. Merz, J. Widmer, J. -Y. L. Boudec, B. Radunovi'c, A joint PHY/MAC

architecture for lowradiated power TH-UWB wireless ad hoc networks. Wireless Commun. Mob Comput. J. 5(5),567-580 (2005)

[18] R. Jurdak,P. Baldi,C. V. Lopes,U-MAC:a proactive and adaptive UWB medium access control protocol. Wireless Commun. Mob Comput. J. 5(5),551-566 (2005)

[19] J. Y. L. Boudec,R. Merz,B. Radunovic,J. Widmer,DCC-MAC:a decentralized MAC protocol for 802.15.4a-like UWB mobile ad-hoc networks based on dynamic channel coding. In:1st International Conference on Broadband Networks,pp. 396-405,Oct 2004

[20] M. Iacobucci,M. D. Benedetto,Computer method for pseudorandom codes generation. National Italian Patent RM2001A000592,Sept 2001

[21] B. Radunovic,J. Y. L. Boudec,Optimal power control,scheduling,and routing in UWB networks. IEEE J. Sel. Areas Commun. 22(7),1252-1270 (2004)

[22] I. Broustis,S. V. Krishnamurthy,M. Faloutsos,M. Molle,J. R. Foerster, Multiband media access control in impulse-based UWB Ad Hoc networks. IEEE Trans. Mob. Comput. 6(4),351-366 (2007)

[23] I. Bucaille,A. Tonnerre,L. Ouvry,B. Denis,MAC layer design for UWB LDR systems:PULSERS proposal. In:4th Workshop in Positioning, Navigation and Communication,pp. 277-283,March 2007

[24] J. Ryckaert,C. Desset,A. Fort,M. Badaroglu,V. De Heyn,P. Wambacq, G. Van der Plas,S. Donnay,B. Van Poucke,B. Gyselinckx,Ultra-wideband transmitter for low-power wireless body area networks:design and evaluation. IEEE Trans. Circuits Syst. 52,2515-2525 (2005)

[25] G. Yuan,Z. Yuanjin,H. Chun-Huat,Low-power CMOS RF front-end for non-coherent IR-UWB receiver. In:European Solid-State Circuits Conference,pp. 386-389 (2008)

[26] H. C. Keong,K. M. S. Thotahewa,M. R. Yuce,Transmit-only ultra wide band body sensors and collision analysis. IEEE Sens. J. 13(5),1949-1958 (2013)

[27] K. Thotahewa,J. Khan,M. Yuce,Power efficient ultra wide band based wireless body area networks with narrowband feedback path. IEEE Trans. Mobile Comput. PP,1-1 (2013) (in pre-print version)

第3章　适用于WBAN通信方案的MAC协议设计与仿真

介质访问控制(MAC)协议在WBAN通信系统中发挥着核心作用。它决定着影响WBAN通信系统效率的重要因素,如吞吐能力、功率消耗和延迟等。由于超宽带(UWB)的固有特性,如高数据传输速度、低功率消耗以及小形状因子等,因此是一种适合在WBAN应用中使用的无线技术。虽然UWB发射机的设计以简单的技术为基础,但是UWB接收机需要使用复杂的硬件并且相对来说会消耗较大的功率。为实现可靠的低功率双向通信,可以使用一个UWB发射机和一个窄带接收机建立一个传感器节点。本章介绍了以双频段物理层技术为基础的MAC协议设计与仿真。现已开发出了以Matlab和Opnet为基础的协同仿真模型,用于分析MAC协议的性能。针对实际情景对MAC协议的性能进行分析,此时数据传输中都会包括植入及可穿戴的传感器节点。在MAC协议中,已经采用了以优先级为基础的包传输技术,可以根据不同传感器的服务质量(QoS)要求为它们提供服务。根据重要的网络参数,如丢包率、包延迟、百分比吞吐量以及功率消耗等,对MAC协议进行分析。

3.1　引　　言

由于脉冲无线电超宽带(IR－UWB)固有的特点,如低功率的发射机设计、低复杂性的硬件实现、可以开发出具有小形状因子和高数据传输速度的传感器节点,因此IR－UWB是适用于WBAN应用的无线技术。IR－UWB接收机通常具有复杂的电路设计,而且与IR－UWB发射机相比会消耗大量的功率。在低功率的WBAN设备中,采用IR－UWB技术是一种巨大的挑战。可以研究那些融合IR－UWB发射机优点的备选方法,同时避免在可穿戴式和可植入硬件平台中采用IR－UWB接收机[1,2]。

三种基于IR－UWB的WBAN所适用的通信协议如图3.1所示。图3.1(a)表示一种需要在传感器节点中使用UWB发射机和接收机的标准

UWB 系统。图 3.1(b) 则以只发送的 UWB 技术为基础,在传感器节点中无须使用接收机[3,4]。在这一系统中,每个单独的传感器都会在不知道其他用户情况和信道状态的条件下进行周期性发送。这一 MAC 协议可以解决由于在 WBAN 传感器节点使用 UWB 接收机而产生的高功率消耗问题。然而,它会遭遇到网络扩展性低、多用户环境下性能下降以及需要针对单独传感器节点使用单独接收机的问题。

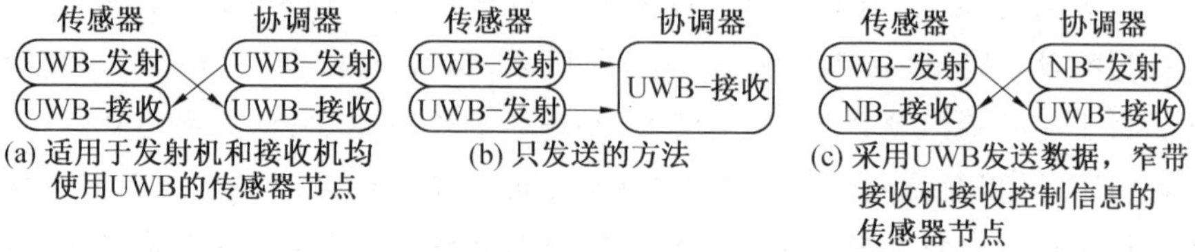

图 3.1　三种基于 IR - UWB 的 WBAN 所适用的通信协议

适用于 UWB - WBAN 网络的一种非常高效的技术就是使用窄带接收链路代替在传感器节点侧使用 UWB 接收机(图 3.1(c))[1,5]。通过引入窄带反馈系统,可以实现涉及跨层设计、更加动态的降低功率的方案。UWB 接收机①典型的电流消耗约为 16 mA[2],但是窄带接收机却可以在电流低至 3.1 mA 的情况下工作[6],这样就可以大幅减少 WBAN 传感器节点的功率消耗。使用反馈路径同时还能在传感器节点端降低计算复杂性。在一个只能发送的系统中,接收机位置是固定的,而且它不能根据不断变化的信道状态进行重新配置。通过使用窄带接收机,网关节点可以使用窄带反馈对系统进行重新配置,从而适应不断变化的信道状态,同时不会对任何用户造成干扰。同样重要的是,这一反馈路径不需要很高的数据传输速度,因为它主要是用于发送确认和控制信息。简单的窄带接收机并不会消耗太多额外的设计空间,同时它消耗的功率非常少,这是因为它只会在需要的时候才接通电源(如在定期的数据传输过程中采用休眠模式操作)。

与只发送的方法相比较,具有窄带反馈功能的 UWB WBAN 系统可以改善网络并且减少冲突。同时,它有助于优化传感器节点的功率消耗,从而进一步节省功率。在一个发射机和接收机都使用 UWB 的系统中,从传输状态切换到接收状态时应当使用周转时间。换句话说,由于存在干扰,因此发射机

①UWB 接收机与窄带接收机相比会消耗更多的功率,这是因为超宽带信号的传输具有很低的功率级以及较高的操作频率。

和接收机无法同时操作。因为正在使用窄带接收机，所以可以同时操作发射机和接收机，从而减少包延迟。同时，独立的下行/上行通信可以采用更加简单的MAC设计。

本章介绍的MAC协议从一定意义上来说具有独特性，其发展的目的在于提升使用具有上述特征的WBAN的表现，即使用UWB传输而具有高数据传输速度，同时使用窄带反馈路径避免了因UWB接收机而具有复杂性的WBAN。在这一MAC协议中，需要考虑到优先级，同时需要采取一种有保证的传输机制在高优先级下传输数据。为研究如吞吐量、功率消耗和延迟等网络设计的各种性能指标，可以仿真不同的拓扑结构。

3.2　仿真模型

本节介绍的仿真是在采用Matlab[7]和Opnet Modeler[8]的协同仿真方法中开展的，这些都是可以买到的仿真软件。物理层仿真是在Matlab中完成的。通过使用Matlab提供的“MX接口”，可以将Matlab链接到Opnet Modeler。为进行网络性能分析，Opnet Modeler与Matlab进行交互式的协同仿真操作，在物理层性能分析时调用Matlab。在仿真过程中，Opnet会作为主仿真器操作，同时调用Matlab引擎服务器执行Simulink中形成的UWB发射机[7]。Opnet随后收回对仿真的控制并且执行网络功能。在接收机部分，Opnet会再次调用Matlab执行UWB脉冲接收机模块，然后接收机部分的输出数据位会用于生成已收到的数据包。

3.2.1　IR－UWB脉冲发生

采用Matlab可以产生IR－UWB发射脉冲，该脉冲随后会被Opnet Modele用于协同仿真。IR－UWB脉冲发生技术如图3.2所示，模拟时可以考虑采用中心频率为4 GHz且带宽为1 GHz的IR－UWB信号，其脉冲重复频率(PRF)、脉冲宽度和UWB脉冲的上升时间都会影响输出传输频谱[9,10]，应根据文献[9]中所给信息进行脉冲特性的选择。在本章的仿真中选择100 MHz的PRF(脉冲重复频率)、2 ns的脉冲宽度和100 ps的上升时间。通过模拟脉冲发生器产生的IR－UWB脉冲流如图3.3所示。Opnet环境中所产生的数据包会与IR－UWB脉冲相结合，然后通过以下所述的传播信道进行传输。

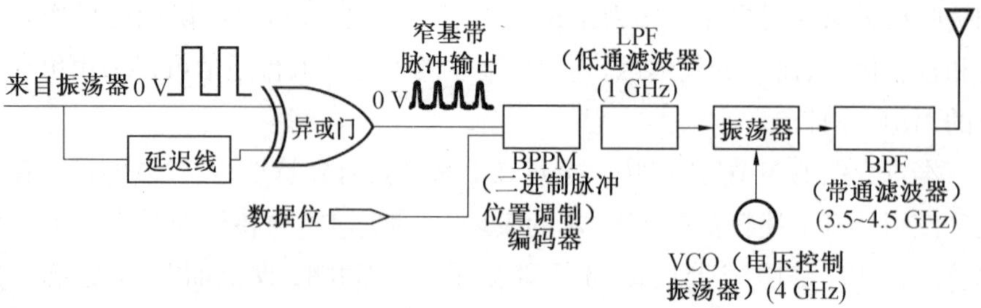

图 3.2　IR - UWB 脉冲发生技术

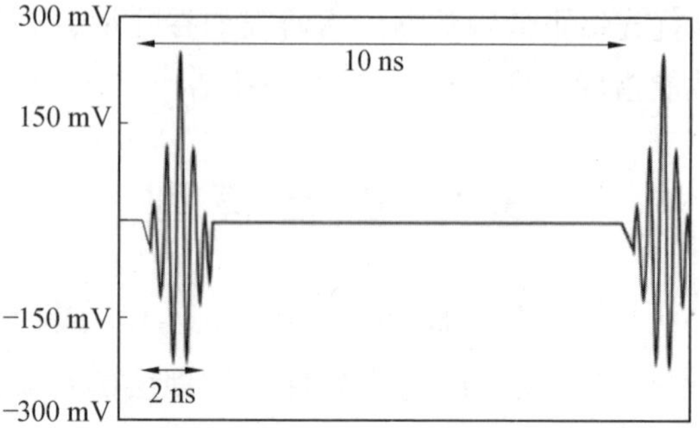

图 3.3　通过模拟脉冲发生器产生的 IR - UWB 脉冲流

3.2.2　传播信道模型

适用于多人监控环境的 WBAN 拓扑结构如图 3.4 所示,在仿真过程中会同时考虑植入式以及可穿戴式的传感器节点,协调器节点和路由器节点均设置在人体的外部。为仿真出仿真环境的不同传播特性,已经开发出了三种类型的传播信道模型。模拟时实现的传播信道如图 3.5 所示,图中对这些传播信道做出了说明。

文献[11] 提供了传输体内信号(信道 1) 的信道构建所需的信息。仿真时需要考虑按照 5 mm 和 80 mm 的植入深度使用两个植入式传感器节点。在传播信道 1 中,距离点 d 位置处的路径损耗($P_{\mathrm{dB}}(d)$) 可以计算为

$$P_{\mathrm{dB}}(d) = P_{0,\mathrm{dB}} + a\left(\frac{d}{d_0}\right)^n + N(\mu(d),\sigma^2(d)) \tag{3.1}$$

式中　d—— 距离皮肤的深度,mm;

d_0—— 参考距离(5 mm);

$P_{0,\mathrm{dB}}$—— 在参考距离处的路径损耗,dB;

a—— 拟合常数;

n—— 路径损耗指数;

$N(\mu(d),\sigma^2(d))$—— 一个平均值为 μ 和标准差为 σ 的正态分布随机变量。

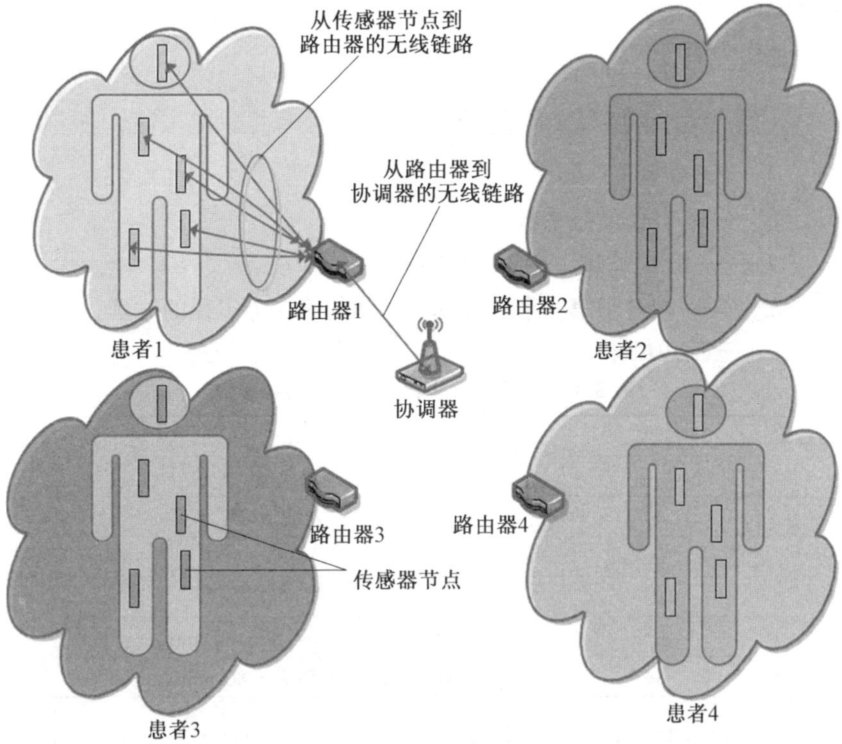

图3.4　适用于多人监控环境的WBAN拓扑结构

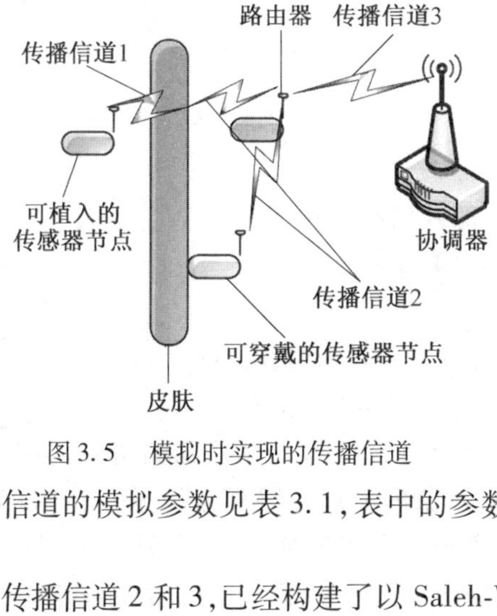

图3.5　模拟时实现的传播信道

适用于体内传播信道的模拟参数见表3.1,表中的参数会在仿真过程中使用[11]。

针对图3.5中的传播信道2和3,已经构建了以Saleh-Valenzuela修正模型为基础的UWB通信的室内传播信道,它包括式(3.2)[12]所给出的一个离

散脉冲响应。考虑到 2 m 的平均通信距离,CM1[13] 信道模型的统计信道测量值将会被作为参考,有

$$h_i(t) = X_i \sum_{p=0}^{K} \sum_{q=0}^{L} a_{p,q}^{i} \delta(t - T_p^i - \tau_{p,q}^{i}) \tag{3.2}$$

式中　X_i—— 对数正态阴影;

$a_{p,q}^{i}$—— 多径增益系数;

T_p^i—— 第 p 个 IR - UWB 脉冲延迟;

$\tau_{p,q}^{i}$—— 相对于第 p 个脉冲到达时间的第 q 个多径的时延;

i—— 信道的第 i 次实现。

表 3.1　适用于体内传播信道的模拟参数

参数	数值
$P_{0,\mathrm{dB}}$	6.3 dB
a	11.6
n	0.5
d	5 mm/80 mm
μ	d = 5 mm,μ = 2.7;d = 80 mm,μ = 8.2
σ	d = 5 mm,μ = 5;d = 80 mm,μ = 6.6

式(3.3)[13] 针对这一模型给出了在距离 d 的位置处 IR - UWB 信号的平均路径损耗(L),即

$$\begin{cases} L_1 = 20\lg \dfrac{4\pi f_c}{c} \\ L_2 = 20\lg d \\ L = L_1 + L_2 \end{cases} \tag{3.3}$$

式中　f_c—— 波形的几何中心频率,$f_c = \sqrt{f_{\min} \times f_{\max}}$,$f_{\min}$ 和 $f_{\max}$ 为波形频谱的 - 10 dB 边缘;

c—— 光速;

L_1—— 距离为 1 m 时的路径损耗;

d—— 相对于 1 m 参考点的距离。

在对植入传感器节点直接与人体外部的协调器或者路由器节点通信这一方案进行仿真时,皮肤内的通信距离可以采用体内传播模型,而室内模型则用于其余的通信部分。在 433 MHz 的 ISM(工业、科学、医疗) 频段上的振幅键控(ASK) 方案适用于窄带通信。窄带信号的功率会保持在 - 25 dBm,对于干扰较少的操作来说,这一数值非常合理。适用于室外传播[14] 的莱斯衰落

信道可以用于仿真窄带信道中的传播,假定适用于体内的窄带信号会遵循自由空间信道模型。

3.3　跨层设计

本节所述的MAC协议在设计时结合了UWB传输独特的物理层特性,因此它形成了一个跨层结构。一种简单的二进制脉冲位置调制(BPPM)技术可以作为UWB传输的调制方案,这样可以消除因低功率WBAN应用使用复杂调制方案而引入的复杂性。仿真中的传感器节点会使用两种机制确保有效地管理发射功率。

第一种机制即使用门脉冲传输方案,此时传感器节点会在某一给定的时隙内传输UWB数据,随后进入低功率模式,直到下一个传输时隙。

第二种机制中每比特传输脉冲数(PPB)能动态变化,这种方案利用控制比特传输的时间最优化传输能量消耗,这两种机制均会在本章中进行详细介绍。

发送数据位使用两个PPB和三个PPB的方案如图3.6所示。

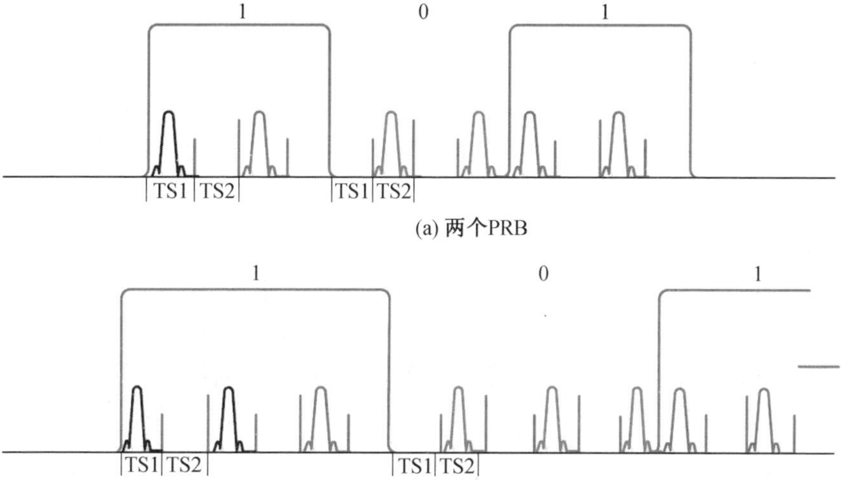

(a) 两个PRB

(b) 三个PRB

图3.6　发送数据位使用两个PPB和三个PPB的方案

3.3.1　UWB门脉冲传输的发射功率规定

根据美国联邦通信委员会(FCC)的规定,UWB信号会受到0 dBm(1 mW)全带宽(FBW)峰值功率以及-41.25 dBm/MHz(75 nW/MHz)平均功率密度的限制[15,16]。这些功率测量值均假定测量设备的频带分辨率为 1 MHz 而且测量设备的积分时间为 1 ms。

UWB 信号的峰值传输限值取决于频谱分析仪的带宽分辨率而且会根据式(3.4)[16] 变动,即

$$P_{\text{peak}} = 20\lg \frac{B_R}{50}\ (\text{dBm}) \tag{3.4}$$

式中 P_{peak}—— 峰值功率限值;

B_R—— 频谱分析仪的分辨带宽。

对平均功率测量值来说,应当使用 1 MHz 的分辨带宽和 1 ms 的积分时间,同时根据式(3.4),分辨带宽会在1 ~ 50 MHz变动。按照FCC标准的推荐意见,数据包的传输速度会比 1 ms 的积分时间要短得多。数据传输类似于一个门系统,此时传感器节点会在极短的时隙内传输数据包并且关闭发射机,直到下一次传输时隙到来。如果 P_{peak}^m 为测量得到的峰值功率,而 P_{avg}^m 为测量得到的平均功率,则式(3.5)[16] 给出了 PRF 远高于频谱分析仪分辨带宽的系统的最大允许 UWB 发射功率,即

$$P_{\text{peak}} = \frac{P_{\text{peak}}^m}{\tau R} = \frac{P_{\text{avg}}^m}{\tau R} \tag{3.5}$$

式中 P_{peak}——UWB 信号的实际最大发射功率;

τ——UWB 脉冲宽度;

R—— 脉冲重复频率。

式(3.5) 给出了适用于连续传输系统的发射功率限值,但是并不适用于如本章所述的选通系统。2005 年,FCC 标准做出了更新,允许 UWB 门系统使用更高的发射功率[17]。如果 δ 表示以 1 ms 积分时间为基础的包传输的占空比,则从式(3.6) 中可以看出门系统的允许总发射功率远高于非门系统的允许总发射功率,即

$$P_{\text{peak}} = \frac{P_{\text{avg}}^m}{\tau R\delta} \tag{3.6}$$

本节所述基于 UWB 的 WBAN 传感器节点设计实例采用100 MHz 的 PRF 进行模拟,相对于 1 MHz 的分辨带宽来说,其频带分辨率较高,因此其被认为属于一个高 PRF 系统。这些测量得到的功率限值可以通过使用式(3.7) 和式(3.8)[16,18] 转换成最大允许 FBW 发射功率限值,即

$$P_{\text{peak}} \leqslant 7.5 \times 10^{-8}\left(\frac{B_p}{R}\right)^2 \times \frac{1}{\delta}\ (\text{W}) \tag{3.7}$$

$$P_{\text{peak}} \leqslant 0.001\left(\frac{B_R}{50 \times 10^6}\right)^2 \times \left(\frac{B_p}{R}\right)^2 (\text{W}) \tag{3.8}$$

式中　$B_p = 1/\tau$。

最大允许 FBW 发射功率受式(3.7) 和式(3.8) 中两个 P_{peak} 峰值中较小者的影响。

对于仿真系统来说,其脉冲宽度为 2 ns。因此,对仿真时采用的 UWB 信号而言,式(3.7) 和式(3.8) 中的 B_p 等于 0.5 GHz。对于能够产生 PRF 为 100 MHz 且脉冲宽度为 2 ns 的 UWB 信号的传感器节点来说,最大允许 FBW 发射功率随占空比(δ) 的变化情况如图 3.7 所示。按照 FCC 的技术标准,带宽分辨率(B_R) 应当为 1 MHz。根据图 3.7,为以符合 FCC 限制条件的最大允许功率 0.01 mW 进行传输,UWB 数据的传输时隙应当保持在 187.5 μs 内。

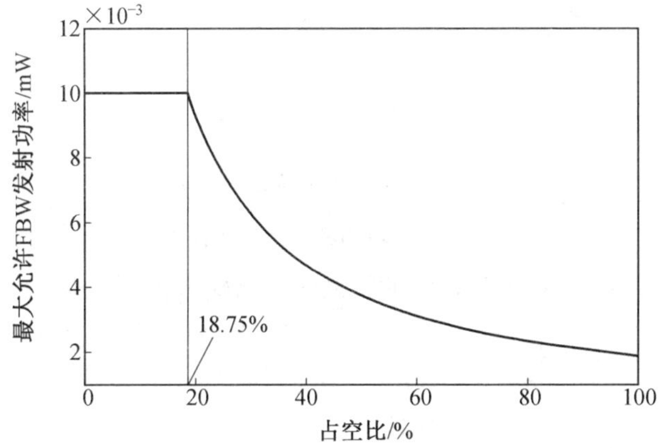

图 3.7　最大允许 FBW 发射功率随占空比(δ) 的变化情况

3.3.2　多 PPB 方案的 BER 分析

由于传输数据位所需要的功率等于用于表示该数据位的脉冲数量的功率总和,因此如果 PPB 的数量分配能够按照接收机端的最低误码率(BER) 要求进行动态变化,那么就能够大量节省功率。这一 MAC 协议中用到的时间参数可以使用计算确定并且会在本章中进一步给予说明。仿真中的接收机模型使用能量检测接收机(图 3.8)[19]。接收机的积分时间(T_s) 为 2 ns,等于 UWB 信号的脉冲宽度。这一很短的积分时间有助于减少有可能在 UWB 通信过程中出现的多径干扰。

WBAN 环境中的比特错误主要是因 UWB 信号的多径干扰和随机衰落而产生的,这些干扰和衰落是因各种表面的反射和不同物体的吸收特性而产生的,如各种人体表面和室外设备。假定传感器节点会传输具有足够发射功率的数据,该功率的信号在没有衰落和多径干扰、理想的自由空间方案中能够被接收机节点检测到。同时,假定在易于产生多径干扰和随机衰落的现实 WBAN 环境中采用与上述相同的发射功率和间隔距离对两组完全相同的数据进行传输,其中一组数据采用较高的 PPB 值,而另一组则采用较低的 PPB 值。对于存在衰落和多径干扰的现实环境,在相同间隔距离的条件下,采用较高 PPB 传输的信号产生的 BER 低于较低 PPB 传输的信号。考虑下述的能量检测接收机结构。

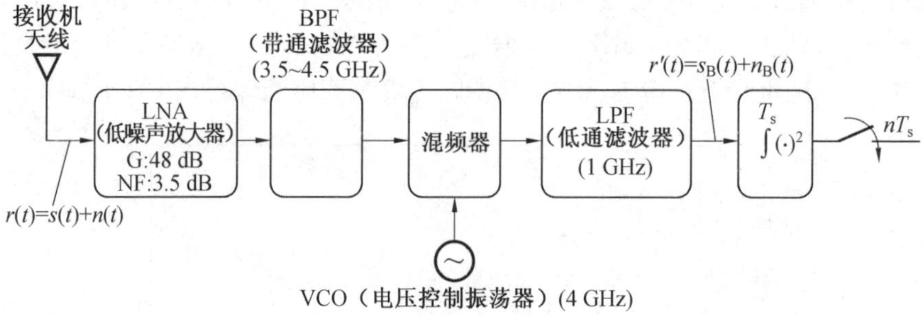

图 3.8 模拟时所用的能量检测接收机结构

位于父节点 UWB 接收机处的带通滤波器输入值可以表示为

$$r(t)=\begin{cases}n(t), & \text{在某一时隙中不存在脉冲}\\ s(t)+n(t), & \text{在某一时隙中存在脉冲}\end{cases} \tag{3.9}$$

式中 $r(t)$——带通滤波器的输入值;

$s(t)$——已接收的 UWB 信号;

$n(t)$——具有零均值和 $N_0/2$ 功率谱密度的加性高斯白噪声(AWGN)。

然后接收到的信号通过中心频率为 4 GHz,带宽为 1 GHz 的带通滤波器(BPF),随后通过混频器下变频为基带信号。在积分器之前需要采用带宽为 1 GHz 的低通滤波器(LPF)。通过下式可以得到积分器输入端的接收信号,即

$$r'(t)=\begin{cases}n_B(t), & \text{在某一时隙中不存在脉冲}\\ s_B(t)+n_B(t), & \text{在某一时隙中存在脉冲}\end{cases} \tag{3.10}$$

式中 $n_B(t)$——受到频段限制的噪声信号;

$s_B(t)$——已滤过的接收信号。

如果假定通过对比两个 BPPM 时隙(TS1 和 TS2)的信号能量,接收机检

测到存在脉冲,那么可以通过推导出的公式对采用BPPM调制方案的接收机进行单脉冲检测时的误码率进行计算,即[20]

$$P_e = Q\left(\sqrt{\frac{\left(\frac{E_p}{N_0}\right)^2}{2\left(\frac{E_p}{N_0} + T_s B\right)}}\right) \tag{3.11}$$

式中　P_e—— 误码率;

B—— 信号带宽(对于模拟时所用的接收机模型来说,$B = 1$ GHz);

T_s—— 仿真中使用的2 ns脉冲宽度的积分时间;

E_p—— 在这2 ns积分时间(T_s)中已接收信号能量;

$Q(\cdot)$——Q函数。

应当注意的是,文献[20]中所述的系统会在单一的积分时间里进行多脉冲检测,而本节介绍的系统只能在这一积分时间里检测单一的脉冲。对于文献[20]中的系统来说,噪声与噪声的乘积项会因在同一积分窗口内进行多脉冲检测而增大,这样会大幅降低系统的BER性能。由于本章对单个脉冲进行独立检测并且利用独立检测确定比特的存在性,因此噪声与噪声的乘积项不会影响本章介绍的系统。文献[20]中提供的BER公式在本章被简化为单脉冲检测系统,即式(3.11)。

当发送多PPB时,需要假定:如果某一单位比特发送的脉冲有一半以上都存在错误,则该比特就存在错误;如果单位比特发送N个脉冲,则通过以下公式可以发现比特存在错误,即

$$P_{e_{bit}} = 1 - \sum_{i=1}^{\left[\frac{N}{2}\right]} \binom{N}{i} p^i (1-p)^{N-i} \tag{3.12}$$

式中　$p = P_e$;

$\binom{N}{i} = \frac{N!}{i!\ (N-i)!}$;

$[N]$——N较小的整数部分。

使用式(3.12)得到的不同PPB下的脉冲E_p/N_0(dB)和比特误码率(BER)曲线对比如图3.9所示。

应当注意的是:BER是按照图3.9中脉冲的E_p/N_0绘制而成的。通过对代表该比特的脉冲能量进行求和,可以得到比特能量。图3.9中的结果表明,在相同E_p/N_0的情况下发送更多数量PPB会降低BER。

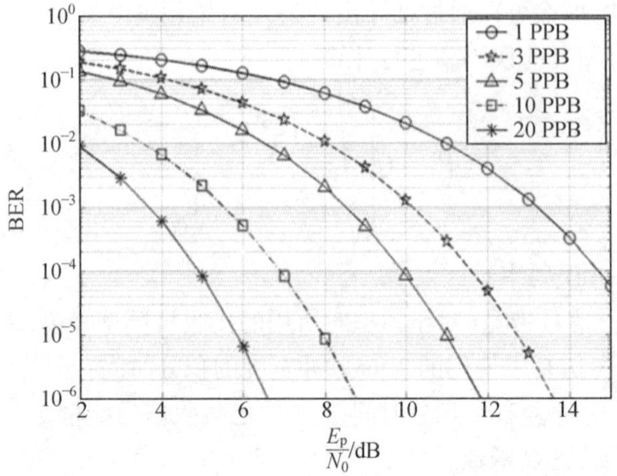

图 3.9　不同 PPB 下的脉冲 E_p/N_0(dB) 和比特误码率(BER) 曲线对比

式(3.11) 计算得到的比特误码率不考虑因其他用户服务而造成的多址干扰(MAI) 以及多径干扰(MPI)。通过采用如 $N(0,M)$ 的正态分布可以对这一干扰进行建模,此时 M 由从干扰器和多径[20] 接收到的能量决定。因此,同时考虑多址干扰和多径干扰,可以将式(3.11) 修改为

$$P_e = Q\left(\sqrt{\frac{\left(\frac{E_p}{N_0}\right)^2}{2\left(\frac{E_p}{N_0} + T_s B\right) + M}}\right) \tag{3.13}$$

假设 WBAN 被限于 0 ~ 2 m 这一很小的范围中,而且仿真中的网络拓扑结构布置可以使协调器被设置在中心位置,同时配有传感器节点的患者被设置在可以保持视距(LOS) 的协调器周围,在仿真时会假定存在强大的 LOS 分量和多径分量。

3.3.3　通过父节点确定每比特的脉冲数量

根据上述分析,UWB 发射机的能量消耗由两个限制因素确定。首先,由脉冲传输占空比决定的最大允许 BFW 发射功率决定了每个 UWB 脉冲的能量上限。其次,PPB 的值决定了在脉冲传输时隙内发送的 UWB 脉冲数量,由此可以确定在这一传输时隙内的能量消耗。这两个因素是相互依赖的。在确定传输时隙时间以及需要特定数据传输速度的某一传感器节点的占空比时,这两个因素都必须考虑到。在实际情况下,动态变化的 FBW 发射功率会涉及

在传感器节点末端使用可变增益放大器,而PPB值的动态变化可以仅由传感器节点的微型控制器改变比特持续时间实现。与前者相比,后者更加容易实现而且消耗的功率更少。因此,对于仿真中的传感器节点来说,其FBW传输值在3.3.1节中所述的限值范围内可以保持恒定。为优化传感器节点的功率消耗,需要动态改变PPB的值。

在本章中所述的WBAN系统中,为在接收机上获得最佳的BER,父节点会动态地分配一定数量的PPB给子节点。在所有传感器节点的仿真方案中,会用到10^{-4}这一BER阈值,因为采用这一数值可以获得很好的吞吐量,同时可以在传感器节点上保持很低的功率消耗。在数据传输的过程中,传感器节点会在数据比特中平均地插入一定数量含有某一已知位模式数据位的字节。对仿真而言,需要为连续性的传感器选择六个字节,为周期性的传感器选择三个字节。

利用已知位模式,父节点可以动态地确定某一特定传感器节点的BER,而且可以将其与10^{-4}这一阈值进行对比。需要注意的是,计算得到的这一BER包括因多径干扰、多址干扰以及噪声特性而造成的比特错误。在分配到的传输时隙(时隙的分配会在后述章节中讨论)中,传感器节点会使用特定的传感器类型允许使用的最高PPB值进行数据传输。协调器节点会要求特定的传感器节点按照1 PPB的阶跃动态降低PPB值,直到采用最低可用的PPB值获得10^{-4}的BER值或者高于这一10^{-4}阈值的最接近的可用值为止。这一步骤可以确保传感器节点采用最低的PPB传输数据,同时保持接近10^{-4}的BER阈值。传感器节点会重新发送相同的数据包,直到确定未来数据传输使用的PPB值。如果在采用先前认可的PPB进行数据传输时BER性能下降,则父节点会重复上述流程,提高PPB值,从而提高BER性能。当某一传感器节点接收到增大之前已分配PPB值的消息时,它就会按照这一新的分配指令重新发送之前所发送过的已调制数据包。需要注意的是,通过改变比特的持续时间而不是PRF,可以改变PPB值。因此,接收机节点并不需要针对每一个传感器节点改变采样频率,它可以跟踪分配给每一个传感器节点的PPB数值,这一点可以在MAC层中实现,所有的传感器节点可以只使用一个接收机节点。上述的动态BER补偿步骤在近程的UWB通信系统中特别有用,此时系统中会存在一个LOS强路径,如本节所述的WBAN系统,从而在动态信道条件下实现可靠通信。

3.3.4　超帧结构

UWB WBAN MAC 协议需要考虑使用信标使能的超帧结构。适用于仿真系统的网络拓扑结构是在 IEEE 802.15.4/4a[21,22] 信标使能星形拓扑的简化版本的基础上开发而成的。该拓扑结构新增了一些修改,可以更好地适用于低功率 IR - UWB 传输。信标使能模式可以为网络提供及时保障。

超帧结构取决于三个主要因素:传感器节点的数据传输速度和优先级要求;占空比要求,这一点本身取决于功率上限;网络中活动的传感器节点的总数量。

常见的受到监控的医学参数见表 3.2。根据其数据传输的速度,WBAN 会包括两种类型的传感器节点。WCE、ECG 和 EEG① 均为连续传输的传感器,需要很高的数据传输速率和很好的交付保障[3]。这些信号都可以被划分为重要信号,而且 MAC 协议设计对此类数据的交付进行优先安排。传输心率和血压数据的传感器节点均为周期性的传感器而且不需要很高的数据传输速率。

表 3.2　常见的受到监控的医学参数

医学参数	传输周期	采样速度/(份 · s^{-1})	每个样本的比特数	数据传输速度
WCE	连续			5 Mbit/s
ECG	连续	300	12	3.6 kbit/s
EEG	连续	200	12	2.4 kbit/s
心跳	每 1 s			100 bit/s
氧饱和度	每 1 s			100 bit/s
血压	每 1 min			12 bit/s
温度	每 1 min			12 bit/s

本节所述的超帧结构可以分为竞争访问时段(CAP) 和无竞争时段(CFP)。CFP 可以为用于传输数据的传感器节点提供保障时隙(GTS),因为

①人们通常认为这些连续性的医学信号在医院环境中至关重要。然而,按照受到监控的单个患者,很容易就能对医学信号的分类进行优先安排。

连续传输的传感器节点会分配到GTS,从而提高网络的可靠性。周期性的传感器节点会在CAP过程中竞争进行传输。

为表现出每一种类型的传感器节点需要的最高数据传输速率,仿真时需要选择传感器节点数据传输速率。这就意味着,针对连续性的传感器节点可以选择5 Mbit/s的高效数据传输速度,而且此时假定周期性的传感器节点每秒钟可以产生100 bit。然而,某一特定的周期性传感器节点的100 bit的有效负载会在一个CAP的时隙中发送,以提高MAC协议的效率。

包括信标在内的超帧总长度可以为1 ms。每一种传感器节点类型适用的传输时隙持续时间可以在相关的数据传输速率要求、峰值发射功率限值以及某一特定传感器类型允许的PPB值范围的基础上确定。为使用3.3.1节分析中的功率上限,所有传感器节点的占空比等于或低于18.75%的阈值。

例如,可以考虑连续性的传感器在5 Mbit/s的条件下进行传输的情况。对于这种传感器类型来说,可以选择1 PPB和2 PPB作为允许使用的一组PPB值,此时需要考虑相关的数据传输速率要求、占空比要求以及有助于多个传感器节点在超帧范围内进行数据传输的相关需求。当某一连续性的传感器节点在最大允许PPB值2 PPB的条件下进行传输时,为了达到所给定的5 Mbit/s数据传输速度,它就需要每1 ms传输10 000个脉冲。当PRF为100 MHz时,可以在100 μs的时隙范围内做到这一点,从而形成10%的占空比。然而,如果某一连续性的传感器节点正在1 PPB的条件下进行传输,那么它将会在50 μs的时隙内传输数据。类似地,如果假定PPB的范围为1 ~ 20 PPB,那么周期性传感器节点就应当选择最大20 μs的时隙持续时间。为补偿在CAP过程中可能出现的干扰电平增大,可以为周期性的传感器节点分配一个较大的PPB值范围。在传感器初始化时,超帧开始处被分配了两个持续时间固定为20 μs的初始化时隙,初始化请求会以固定的20 PPB在这两个值时隙期间传输。假定所有的传感器节点都已知晓这一数值,为降低窄带反馈的数据传输速率要求,可以采用与UWB传输同时进行的窄带信道发送同步信标。在仿真时,会采用0.210 ms的窄带信标持续时间,它在19.2 kbit/s的条件下进行传输时含有4个比特[6]。每一个超帧的CAP都会在信标周期结束后35 μs的信标保护时隙之后开始。每一个时隙结束时会分配一个5 μs的保护周期,这一超帧结构如图3.10所示。需要注意的是,针对每一种传感器类型,在超帧范围内可以容纳的最大时隙限值由最长的时隙持续时间确定。每一种传感器类型所分配得到的时隙数量会在之后的章节中讨论。

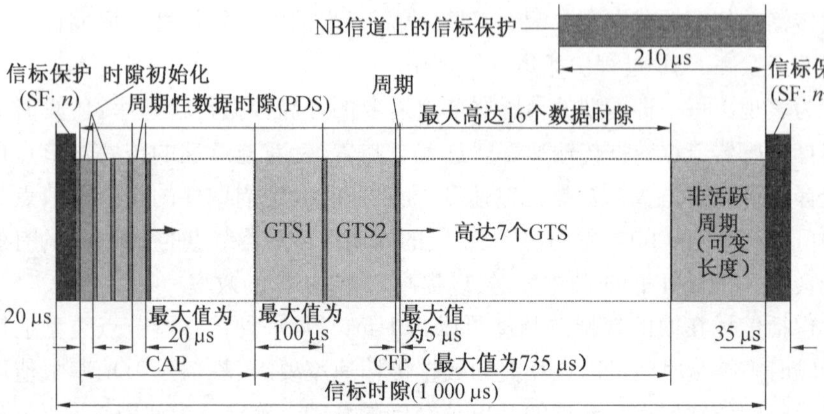

图 3.10　超帧结构

3.3.5　介质访问控制算法

为识别出 WBAN 中所采用的传感器节点，需要两种不同的地址级。一个地址级可以识别患者，而另一个地址级则可以识别属于同一患者的不同传感器。在仿真模型中，9 bit 的地址空间作为源使用。在这一 9 bit 的地址空间中，至少会使用 6 个有效比特来识别传感器，同时最多使用 3 个有效比特来识别患者。由于使用双频段方法，因此无法在不使用其他硬件的情况下在传感器节点末端进行载波侦听。其他硬件会增加更多的功率开销，因此为在竞争访问时段内进行介质访问，开发出了一种随机接入方法。在传感器初始化的过程中，最大的重发次数为 4 次，这一数值已经得到 IEEE 802.15.4 标准[21]的支持，而且在仿真时这一数值被认为足以进行可靠通信。超帧最多可以支持 7 个 GTS。按照传感器节点的请求，可以由协调器进行 GTS 的分配。GTS 时隙的分配可以按照相关的需求动态完成，这样所有其他剩余的时隙就可以用于随机访问。在超帧的前 2 个时隙中，所有的传感器节点利用随机接入进行初始化。连续传输的传感器节点将在初始化过程中请求从协调器获得 GTS。周期性的传感器节点会在 CAP 时隙内采用随机接入方式进行传输。连续性和周期性传感器的传感器初始化以及数据传输所采用的算法如图 3.11 所示。

在初始化过程中，传感器节点会采用一个预先定义的 PPB 值（在模拟中为 20 PPB）与其父节点进行通信。传感器节点及其父节点均已知这一数值，预先定义的传感器地址会附加一个已知的位模式并且初始化请求中会发送传感器的类型标志（连续性或者周期性）。作为对初始化请求做出的响应，父

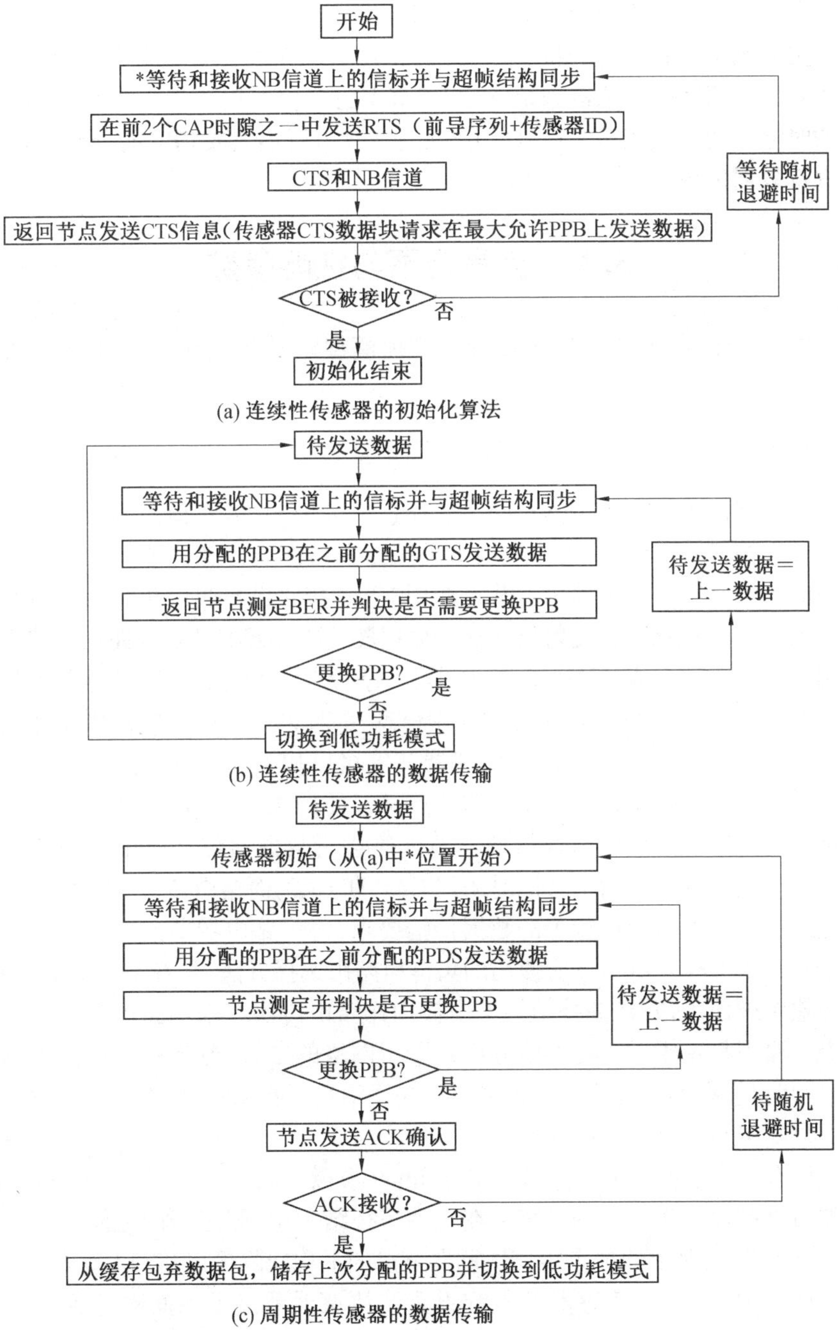

图3.11　连续性和周期性传感器的传感器初始化以及数据传输所采用的算法

节点将会发送肯定或者否定应答。如果这一请求来自连续性的传感器节点，那么父节点将会针对这一特定的传感器节点在 CFP 中永久性地分配一个时隙。对于周期性的传感器来说，协调器节点将会保留用于下一个数据传输循环的时隙。初始化完毕之后，即可按照3.3.3 节所述完成 PPB 的分配，然后继续进行数据传输。

3.4 仿真方案与性能参数

本节用于说明仿真中所采用的干扰模型以及仿真中计算得到的性能参数。

3.4.1 网络拓扑结构与干扰模型

为研究使用中间路由器对网络性能造成的影响，需要模拟两种不同的网络拓扑结构（图 3.12）。拓扑结构 1 采用路由器作为传感器节点和协调器节点之间的中间节点。该路由器节点使用 UWB 接收机接收由传感器节点收集的数据，并且使用 UWB 发射机将这些数据转发给协调器节点。路由器节点会使用一个 433 MHz 的 ISM（工业、科学、医疗）频段接收机从协调器节点处接收与路由器 - 协调器接口相关的控制信息，并且采用在同一频段中工作的一个窄带发射机传输与路由器 - 传感器节点接口相关的控制信息。路由器节点可以保存并且转发数据。路由器节点可以使用 MAC 协议和超帧结构与相关网络的传感器节点侧以及协调器节点侧进行数据通信。路由器节点与传感器节点之间的数据通信会同时采用 CAP 和 CFP，而路由器节点与协调器节点之间的数据通信根据相关的数据传输要求，每一路由器节点只使用分配有若干 GTS 的 CFP。Zigbee 所使用的集群树路由选择方法[23] 在基于 UWB 的数据传输中被使用，并在拓扑结构 1 中被用作路由协议。采用路由器作为中间节点的原因是希望通过将网络分成若干子网络的方式，分散网络范围内的工作。同时，它有助于优化传感器节点的功率消耗。在拓扑结构 2 中，传感器节点可以直接与协调器进行通信。

所有的节点都在 10 m × 10 m 的 Opnet 模拟环境中。在拓扑结构 1 中，路由器节点都保持 0.5 m 的距离。在这种拓扑结构中，假定子网之间的间隔平均达到 1.5 m，路由器节点距离协调器节点的平均间隔可以达到 1.5 m。在拓扑结构 2 中，每一个传感器节点都设置与协调器节点平均间隔达到 2 m 的位置。

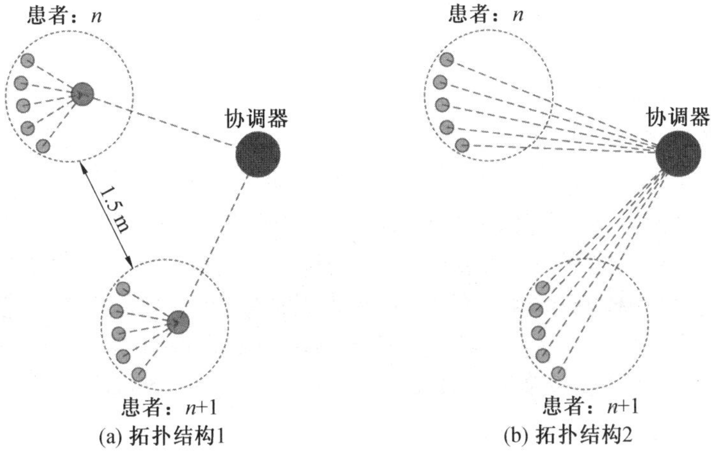

图3.12　仿真时采用的不同的网络拓扑

可以采用如下两种方法最小化子网间的干扰。在第一种方法中，传感器节点的脉冲发射功率会设置成一个较小的数值，这样才能尽量减少子网之间的功率泄漏，在后续章节中会进一步讨论相关的功率级。在第二种方法中，每一个节点都分配一个唯一地址（详见3.3.5节）。在拓扑结构1中，路由器节点会采用3.3.4节中所述的超帧结构收集传感器节点的数据。由于与每一个路由器节点进行通信的传感器节点数量较小，因此超帧中会出现较长的非活跃周期。路由器节点会利用这一非活跃周期，将从传感器节点中接收到的数据映射成路由器节点与协调器节点之间通信链路的超帧时隙。在这种情况下，数据包的应答延迟会大大减少。

在数据接收过程中，来自其他同时传输的衰减信号和同步多径接收都会增加接收机的噪声基底（通过父节点位置处的BER计算检测得出）。通过仿真可知，窄带信号和UWB信号之间的干涉可以忽略不计，这是因为这两类信号的工作频率之间差距很大。

在仿真过程中，传感器节点以随机方式启动。传感器节点使用的数据传输速率取自于表3.2。连续性传感器节点使用的数据包包括9 bit的物理层开销以及617 bit的零散数据负载，会在超帧的一个传输时隙内发送。周期性的传感器可以生成具有6 bit开销和52 bit数据负载的数据包。为对这两种拓扑结构进行公正的评价，会在每一种情况下仿真相同数量的传感器节点。考虑到实际的医院方案，每一个患者都会连接五个传感器节点，其中包括一个连续性的植入式传感器节点、一个周期性的植入式传感器节点，其他则均为周期性的可穿戴式传感器节点。在仿真过程中,假定最多会有 7 位患者进入房间①,这一数字是由拓扑结构 2 中的 GTS 限制条件决定的。拓扑结构 1 中可以分配更多的传感器节点,这是因为在向协调器节点进行发送之前,这些数据可以在路由器上进行缓冲。

为证实在传感器节点中使用窄带接收机取代 UWB 接收机所具有的优点,需要同时针对这两种情况分析数据包的延迟和能量消耗情况。在使用 UWB 接收机时,会在超帧结构 35 μs 的保护时隙内发送信标。为提供周转时间和接收时间,会在超帧末端增加 200 μs 的发射机非活跃时期。父节点会在这一周期过程中发送反馈消息。接收机使用 100 MHz 的 PRF 和 20 PPB。应当注意的是,有效的数据传输速率会因在这种情况下增加了发射机的非活跃时间而降低。如果采用具有窄带接收机的传感器节点,那么为接收同步的下行链路消息,该接收机会在整个传感器的活跃时期内保持开启状态(在这个时期内传感器正在完成一次数据传输)。

3.4.2　发射功率分配

在确定接收机的脉冲信噪比时,发射功率是一个至关重要的因素。按照 3.3.1 节的分析,最大允许室内发射功率取决于占空比和 PRF。仿真时使用的植入式传感器节点的功率限值在设置时会高于这一限值,这样,刚刚经过体内传播之后信号的室内功率就可以落在最大允许 FBW 发射功率限值范围内。例如,考虑在拓扑结构 2 中采用连续性的 WCE 传感器节点,该节点被认为是一个平均植入深度达到 80 mm 的植入式传感器节点。当在 2 PPB 的条件下进行传输时,这一传感器节点可以在网络中的占空传输时隙内表现出最大的脉冲传输数量(100 μs 内会传送 10 000 个脉冲)。因此,在 2 PPB 和 0.01 mW 的最大允许室内 FBW 发射功率条件下传输的 WCE 传感器节点可用于计算适用于网络中所有传感器节点的最大允许室内 FBW 发射功率。在这种情况下,所有的传感器节点都可以在 0.01 mW 或以下的室内 FBW 发射功率下进行传输,具体取决于它们的占空比。

在使用 WCE 传感器节点的情况下,采用式(3.1)可以计算出 67.5 dB 的最大体内路径损耗。因此,为获得 0.01 mW 的室内发射功率,需要将这种传感器的发射功率设为比 0.01 mW 高 67.5 dB。对于拓扑结构 1 来说,为按照拓扑结构 1 中 0.5 m 的平均距离接收到与拓扑结构 2 中按照 2 m 的平均距离接

①此时需要假设医院的房间可以最多容纳 7 位患者进行监控。

收到的相同功率，传感器节点的发射功率会降低 12 dB（由式（3.3）计算得出），这样就可以尽量减少子网中的功率泄漏。

3.4.3　性能参数

在仿真时可以计算出以下的指标性能，即

$$\mathrm{PL} = \frac{L}{S} \tag{3.14}$$

$$D = T_1 - T_2 \tag{3.15}$$

$$\text{Normalised Throughput}(\%) = \frac{R(\text{bit/s})}{C(\text{bit/s})} \times 100\% \tag{3.16}$$

$$E = \frac{\sum_{i=0}^{K} \left(I(\mathrm{A}) \times V(\mathrm{V}) \times T_{\mathrm{tx-rx}}(\mathrm{s})\right)}{\sum_{i=0}^{K} B} (\mathrm{J} \cdot \mathrm{bit}^{-1}) \tag{3.17}$$

式中　R—— 传感器节点提供给网络的数据比特速率，bit/s；

C—— 每一种传感器节点类型可以利用的网络总容量，bit/s；

PL—— 丢包率；

L—— 丢失的数据包总量；

S—— 已发送的数据包总数量；

E—— 每一发送的有用数据位在传感器节点处所消耗的能量；

I—— 传感器节点所消耗的电流，A；

V—— 电池电压，V；

$T_{\mathrm{tx-rx}}$—— 每一数据包的传输时间与传感器节点应答/控制数据包的接收时间之和，s；

B—— 上述数据包中所含有用比特的总数；

K—— 已发送的数据包总数；

D—— 周期性业务流的数据包应答延迟；

T_1—— 应答数据包的实际时刻；

T_2—— 数据包进入传输队列的时刻。

在吞吐量计算时，选择总网络容量（C）的方法是，它需要体现出在某一时刻每一种类型的传感器进行传输时的理论最大吞吐量。例如，如果在某一时刻同时有四个连续性传感器节点正在进行传输，那么这些连续性传感器节点的总网络容量（C）就需要选取为20 Mbit/s（5 Mbit/s × 4），此时需要考虑它们的有效数据传输速率。重要的模拟参数见表 3.3，这个具有振幅键控（ASK）

的 433 MHz ISM 频段可以用于窄带反馈链路，可根据一份商用窄带接收机[6]的数据表选择所需的窄带技术条件。模拟时所用发射机和接收机模型中电子设备的平均电流和功率消耗情况见表 3.4，假定电池电压为 3 V。

表 3.3　重要的模拟参数

参数	数值
患者总人数	7
每位患者连续性的可植入传感器节点数量	1
每位患者周期性的可植入传感器节点数量	1
每位患者周期性的可穿戴传感器节点数量	3
UWB 频率	3.5 ~ 4.5 GHz
窄带频率	433.05 ~ 434.79 MHz

表 3.4　模拟时所用发射机和接收机模型中电子设备的平均电流和功率消耗情况

参数	电流/功率消耗
UWB 传输	2 mW[2]
UWB 接收	16 mA[2]
窄带接收	3.1 mA[6]
休眠模式	0.2 mW

3.5　仿真结果

针对每一种方案进行 5 次仿真并取每次结果的平均值，可以得到出不同网络参数的仿真结果。所收集到的统计信息表明，这些平均结果会在准确值的 ±4% 范围内变动。

3.5.1　丢包率

通过 WBAN 所传输的数据对于患者的健康来说非常重要，因此避免发生数据丢失是可靠的 WBAN 必备的重要特性。根据式(3.14) 确定的丢包率是 WBAN 发生数据丢失灵敏性时一个很好的指标。网络中发生数据包丢失有各种原因，如信道状况不良以及冲突等。当网络被分为若干子网络时，相对较少数量的传感器节点竞争在共享介质中进行数据传输，所以冲突次数就会减少。当患者人数增加时不同网络拓扑结构下平均丢包率变化如图3.13所示,可以看出采用路由器作为中间节点的网络拓扑结构的丢包率会低于传感器节点直接与协调器相连的拓扑结构2的丢包率。在拓扑结构1中,路由器节点与自己的子传感器节点共同创建一个子网络,因此与拓扑结构2相比,系统控制会变得更加分散。

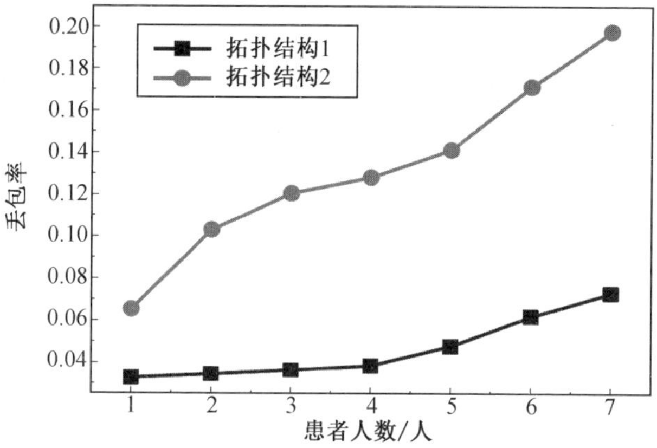

图3.13　当患者人数增加时不同网络拓扑结构下平均丢包率变化

3.5.2　平均数据包应答延迟

在实际的医院方案中,人们希望能够尽快将患者的信息发送至其健康支持系统,因此WBAN的包延迟应当尽可能保持最小。通过式(3.15)确定的平均数据包应答延迟是某一数据包得到成功传输和响应所花费的时间指标。在本节所述的系统中,只有周期性的数据包才会得到响应。连续性传输的传感器节点会提供有保障时隙,因此可以可靠地进行数据包传输。连续性传输的传感器节点数据包不会得到响应,取而代之的是,协调器会实时监控连续数据的BER,而且只有在BER下降的情况下才会向传感器节点发送反馈。这一技术有助于针对连续性的传感器节点保持最低水平的包延迟。

具有和不具有窄带反馈的两种拓朴结构下周期性业务流的平均数据包应答延迟随患者人数增多的变化情况如图3.14所示。图3.14表明,当活跃的周期性传感器节点总数增加到超过20个(5位患者)之后,拓扑结构1中周期性传感器节点的数据包应答延迟会小于拓扑结构2中的数据包应答延迟。数据包应答延迟包括排队、介质访问、帧间间隔、数据包传输和响应接收所花费的总时间。介质访问延迟包括周期性的传感器节点随机接入时分配下一帧的时隙所花费的时间以及时隙分配没有成功时所花费的后退时间。在拓扑结构1中，每个路由器只有4个周期性的传感器节点竞争发送数据；而在拓扑结构2中，所有周期性的传感器节点都需要竞争同一个共享介质。由于传感器节点的数量会超出某一限值，因此为通过这一共享介质发送数据而需要传感器节点等待的时间延迟将会增加。通过仿真可知，当周期性的传感器节点总数超过20个后，分配时间和后退延迟都会在拓扑结构2中大幅增加。同时还可以得知，在拓扑结构1中，路由器和协调器间链路中所存在的竞争情况会远低于在拓扑结构2中传感器节点和协调器间链路中所存在的竞争情况。通过以上分析，可以得到的结论：与拓扑结构2相比，拓扑结构1更加具有可扩展性。

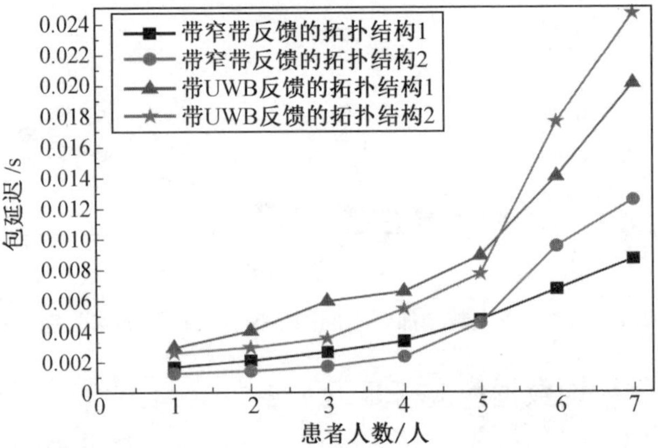

图3.14　具有和不具有窄带反馈的两种拓朴结构下周期性业务流的平均数据包应答延迟随患者人数增多的变化情况

由于引入窄带反馈接收机，可以在传感器节点位置处进行同步传输和接收，因此通过使用窄带接收机可以消除在传感器节点中采用UWB发射机和UWB接收机所需的从传输状态切换到接收状态所花费的时间。这一点可以在仿真结果中体现出来，因为具有窄带反馈系统的数据包应答延迟低于同时使用UWB发射机和接收机系统的数据包应答延迟。

3.5.3　百分比吞吐量

WBAN应当能够按照医院环境中不断变化的负载情况进行调整。虽然大部分的生理学信号都具有周期性，但是在同时开启某一患者的一组传感器节点时，会有可能出现网络负载突然增大的情况。这一点不应当影响到网络传输传感器节点处的业务流的能力。因为已经为关键性的生理数据提供较高的优先级，所以在整个数据传输的过程中连续数据的吞吐量应当保持在较高的水平上。体温和心率等周期性的信号相对来说对时间的要求较低,因此面向连续性的传感器节点分配较大百分比的网络容量而同时动态改变面向周期性的传感器所分配的网络容量,这一点非常合理。

在两种模拟拓扑结构中适用于每一种传感器类型的百分比吞吐量变化如图3.15所示。可以看出,在拓扑结构1中连续性和周期性的业务流可以达到的吞吐量百分比高于拓扑结构2中的吞吐量百分比。拓扑结构1中的路由器节点只会为自己的子节点提供信道资源,而拓扑结构2中所有的传感器节点共享来自协调器节点的信道资源。

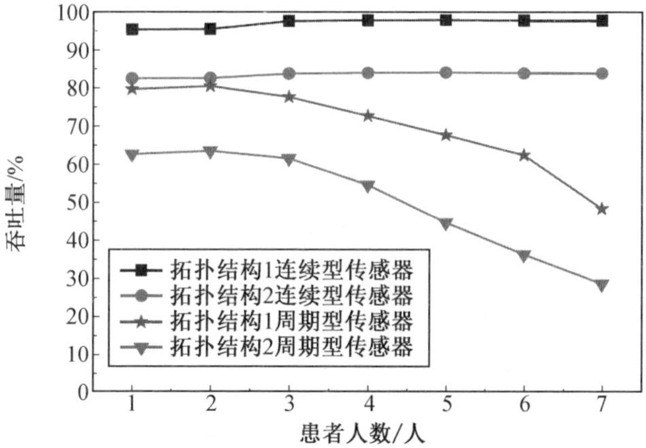

图3.15　在两种模拟拓扑结构中适用于每一种传感器类型的百分比吞吐量变化

周期性数据的吞吐量百分比会随着这两种拓扑结构中不断增加的传感器节点而下降。这是因为事实上随着无竞争业务流的增长,超帧中为竞争业务流提供的时隙就会变少。更高的优先级被提供给在无竞争周期中传输数据的连续性传感器节点。

3.5.4　能源消耗

功率消耗低的系统将允许WBAN中的电池式传感器节点在人为干扰减少的情况下进行自主操作。单一传感器上随患者人数增加,每传输一有效数据比特所耗能量的变化情况可以看出,在不使用中间路由器的拓扑结构2中,每一有效比特在传感器节点处所消耗的能量较高。这一功率消耗值同时包括进行重新传输时所消耗的功率。通过仿真可以看出,由于网络具有分散特性,因此在拓扑结构1中进行的重新传输次数低于在拓扑结构2中进行重新传输的次数。应当注意的是,路由器节点并不需要是植入式或者可穿戴式,它可以与自己的子传感器节点非常接近。可穿戴式和植入式的传感器节点在设计方面都应当尽量省电，特别是在进行健康监测时。例如，人们不可能频繁地对可穿戴式的ECG数据发送机进行充电，其设计应当尽可能在没有任何干扰的条件下操作。在采用路由器的拓扑结构1中，达到某一给定的误码率（在此次模拟中为10^{-4}）的同时，传感器节点可以保持最小的发射功率。因此，与拓扑结构2中的传感器节点相比，需要传输的脉冲数量较少。由于接收机的信道特性在短距离中相当稳定，因此可以减少动态变化脉冲数量的需求。正因为所有这些因素，所以拓扑结构1中的传感器节点消耗的功率会低于拓扑结构2中传感器节点所消耗的功率。同时，需要在配有窄带接收机和配有UWB接收机的传感器节点之间进行能量消耗的对比。通过已经获得的结果来看，与使用UWB接收机的传感器节点相比，使用窄带接收机可以明显降低功率消耗。应当注意的是，在这些仿真中只考虑到了发射机和接收机的功率消耗数据，此时并未考虑到外围电子设备的功率消耗情况，这是因为它们会以类似的方式影响所有的通信情况。

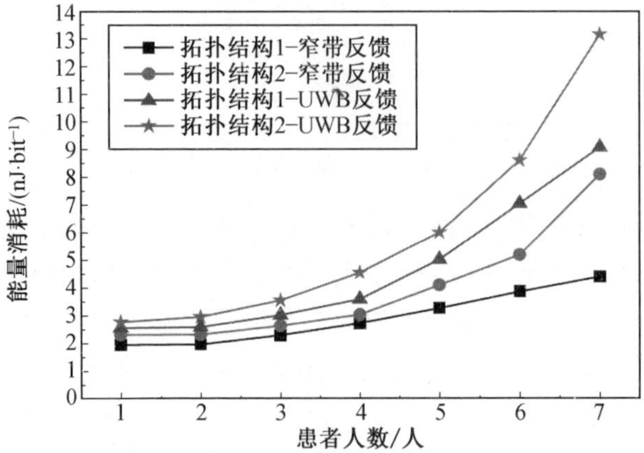

图3.16　单一传感器上随患者人数增加，每传输一有效数据比特所耗能量的变化情况

3.5.5　部分现有MAC协议的比较

本节介绍MAC协议的比较情况，MAC协议的比较见表3.5，其中参考文献里的部分现有MAC设计会在表3.5中给出。本节讨论的UWB MAC协议证明了其实时改变每一数据位脉冲数量的能力，因此它可以满足各种数据传输速度要求，同时对具有高优先级的传感器节点保持最大的网络使用水平。

表3.5　MAC协议的比较

参考文献	物理/MAC层	存在自适应的数据传输速度	受到优先级驱动的业务流	每一传感器节点数据吞吐量的已报告最大值	已报告的最大空中接口原始数据传输速度	已报告的最大包延迟	最低能量消耗
[24]	UWB/IEEE 802.15.4a	—	—	3.35 Mbit/s（出现32次同步传输）	8 Mbit/s	—	—
[25]	4 GHz IR-UWB/PSMA，时隙ALOHA	—	是	3 kbit/s（使用时隙ALOHA的ECG传感器（50次同步传输））	850 kbit/s	—	0.07 μJ/bit（5个同步ECG传感器，发射功率=116 mW，接收功率=116 mW，包括接口电路）
[26]	ISM/IEEE 802.15.6	—	—	700 kbit/s（2.4 GHz频段，负载大小为250字节，没有同步传输）	—	附在为250字节时，在420~450 MHz的频段中为30.78 ms，此时没有出现同步传输	—
[27]	ISM/Raccoon	—	是	4 kbit/s(ECG通道1，此时共有10个WBAN，每个WBAN中有6个传感器同步传输）	48 kbit/s	当含有6个传感器的10个WBAN同步传输时，1.5 s	2.5 mW/bit（在每个有6个传感器的WBAN中，发射机功率=31.2 mW和接收机功率=27.3 mW，包括接口电路）

续表 3.5

参考文献	物理/MAC 层	存在自适应的数据传输速度	受到优先级驱动的业务流	每一传感器节点数据吞吐量的已报告最大值	已报告的最大空中接口原始数据传输速度	已报告的最大包延迟	最低能量消耗
[28]	IR - UWB/IEEE 802.15.4a	—	—	10 kbit/s (5 次同步传输)	1 Mbit/s	3.1 ms(25 个同步传感器)	—
双频段 WBAN (本设计)	4 GHz IR - UWB/随机访问	是	是	5 Mbit/s (WCE 传感器，出现 35 次同步传输)	5 Mbit/s	8 ms(35 个同步传感器 - 拓扑结构 1),12 ms (35 个同步传感器 - 拓扑结构 2)	2 nJ/bit(针对 5 个传感器，发射功率 = 2 mW，接收功率 = 3 V@3.1 mA，此时不考虑接口电子设备)

本节介绍的 MAC 协议实例同时可以为具有高优先级的业务流提供保障传输机制。这种 MAC 算法是一种很好的 MAC 设计实例,它包含了 IR - UWB 的物理层特性,如每个数据位的脉冲数量以及快速传输时隙。根据每比特的脉冲数量以及脉冲传输间隔,可以使用这一 MAC 协议达到 5 Mbit/s 以内的可扩展数据传输速度,而且还可以通过选择 3.3 节所述的快速传输时隙,在最大允许发射功率条件下操作这些传感器节点。在这一设计中,仿真中证实的最大总延迟为 8 ~ 12 ms。采用 UWB 发射机和窄带接收机的传感器节点的功率消耗范围为 2 ~ 4 nJ/bit。在不考虑任何其他接口电子设备的情况下(如微控制器、ADC 和前端放大器)仅考虑发射机和接收机功率消耗,可以获得这一数值。

3.6 本章小结

本章已经介绍了许多基于 UWB 的 WBAN 系统的独特的技术。为使 WBAN 传感器节点的功率消耗低于目前最先进技术的功率消耗,同时能保持良好的QoS(服务质量),本章讨论了双频段(UWB发送和窄带接收)物理层。本章在由两个网络构成的多人体环境下的远程监控WBAN下,对这一技术进行了评估。同时,针对WBAN系统的实时实现,讨论并且研究了MAC协议的详细内容。另外,还讨论了能够按照已接收到的信号条件动态改变UWB传输中每比特的脉冲数量的MAC协议设计。

通过比较这些结果中的网络性能指标,对不同的拓扑结构和同新方案下的性能做出了分析。根据这些结果可以看出,将路由器作为中间节点可以改善WBAN的数据传输。同时也表明,采用窄带接收机、以UWB为基础的WBAN传感器节点可以最小化功率消耗和包延迟。本章给出了包含MAC协议的传感器节点硬件实现,其实时测量结果见第6章。

参考文献

[1] K. M. Thotahewa, J. Y. Khan, M. R. Yuce, Power efficient ultra wide band based wireless body area networks with narrowband feedback path. IEEE Trans. Mobile Commun. (to appear)

[2] M. R. Yuce, T. N. Dissanayake, H. C. Keong, in Wideband Technology for Medical Detection and Monitoring, Recent Advances in Biomedical Engineering, ed. by G. R Naik (InTech, Florida, 2009). ISBN: 978-953-307-004-9

[3] H. C. Keong, M. R. Yuce, Analysis of a multi-access scheme and asynchronous transmit-only UWB for Wireless Body Area Networks. The 31st annual international conference of the IEEE engineering in medicine and biology society (EMBC'09), pp. 6906-6909, 2009

[4] H. C. Keong, K. M. Thotahewa, M. R. Yuce, Transmit-only ultra wide band (UWB) body sensors and collision analysis. IEEE Sens. J. 13, 1949-1958 (2013)

[5] K. M. Silva, M. R Yuce, J. Y. Khan, Network topologies for dual band (UWB—transmit and Narrow Band-receive) Wireless Body Area Network, in Proceedings of the ACM/IEEE Body Area Networks (Body Nets), 7-8 Nov 2011

[6] http://www.rfm.com/products/data/rx5500.pdf, 2013

[7] http://www.mathworks.com, 2013

[8] http://www.opnet.com, 2013

[9] M. R. Yuce, Ho Chee Keong, M. Chae, Wideband communication for implantable and wearable systems. IEEE Trans. Microw. Theory Tech. 57(2), 2597-2604 (2009)

[10] A. Ridolfi, M. Z. Win, Ultrawide bandwidth signals as shot noise: a unifying approach. IEEE J. Sel. Areas Commun. 24(4), 899-905 (2006)

[11] A. Khaleghi, R. Chavez-Santiago, X. Liang, I. Balasingham, V. C. M. Leung, T. A. Ramstad, On ultra wideband channel modeling for in-body communications, in 5th IEEE International Symposium on Wireless Pervasive Computing, pp. 140-145, 2010

[12] IEEE P802.15-02/240-SG3a, Empirically Based Statistical Ultra-Wideband Channel Model

[13] IEEE P802.15-02/490r1-SG3a, Channel Modeling Sub-committee Report Final, February 2003

[14] R. J. Punnoose, P. V. Nikitin, D. D. Stancil, Efficient simulation of ricean fading within a packet simulator. IEEE Veh. Technol. Conf. 2, 764-767 (2000)

[15] FCC 02-48 (First Report and Order), 2002

[16] R. J. Fontana, E. A. Richley, Observations on low data rate, short pulse UWB systems. IEEE international conference on ultra-wideband, pp. 334-338, 2007

[17] FCC 05-58: Petition for waiver of the part 15 UWB regulations. Filed by the multi-band OFDM Alliance Special Interest Group, ET Docket 04-352, March 11, 2005

[18] H. Chee Keong, M. R. Yuce, Transmit only UWB body area network for medical applications. Asia Pacific microwave conference, pp. 2200-2203, 2009

[19] K. Witrisal, G. Leus, G. J. M. Janssen, M. Pausini, F. Troesch, T. Zasowski, J. Romme, Noncoherent ultra-wideband systems. IEEE Signal Process. Mag. 26(4), 48, 66 (2009)

[20] I. Guvenc, H. Arslan, S. Gezici, H. Kobayashi, Adaptation of two types of processing gains for UWB impulse radio wireless sensor networks. IET Commun. 1(6), 1280, 1288 (2007)

[21] IEEE-802.15.4-2006, Part 15.4: wireless medium access control (MAC) and physical layer (PHY) specifications for low-rate wireless personal area networks (LR-WPANs). Standard, IEEE

[22] IEEE-802.15.4a-2007, Part 15.4: Wireless medium access control (MAC) and physical layer (PHY) specifications for low-rate wireless personal area networks (LR-WPANs): amendment to add alternate PHY. Standard, IEEE

[23] J. Sun, Z. Wang, H. Wang, X. Zhang, Research on routing protocols based on ZigBee network. Third international conference on intelligent information hiding and multimedia signal processing, vol. 1, pp. 639-642, 2007

[24] J. Y. Le Boudec, R. Merz, B. Radunovic, J. Widmer, DCCMAC: A decentralized MAC protocol for 802.15.4a-Like UWB mobile Ad-Hoc networks based on dynamic channel coding. Broadnets, 2004

[25] L. Kynsijarvi, L. Goratti, R. Tesi, J. Iinatti, M. Hamalainen, Design and performance of contention based MAC protocols in WBAN for medical ICT using IR-UWB, in IEEE 21st International Symposium on Personal, Indoor and Mobile Radio Communications Workshops, pp. 107-111, 26-30 Sept 2010

[26] S. Ullah, M. Chen, K. Kwak, Throughput and delay analysis of IEEE 802.15.6-based CSMA/ CA protocol. J. Med. Syst. 36(6), 3875-3891 (2012)

[27] S. Cheng, C. Huang, C. Tu, RACOON: a multiuser QoS design for mobile wireless body area networks. J. Med. Syst. 35(5), 1277-1287 (2011)

[28] L. De Nardis, G. Giancola, M. -G. Di Benedetto, Performance analysis of uncoordinated medium access control in low data rate UWB networks. 2nd International Conference on Broadband Networks, vol. 2, pp. 1129-1135, 7-7 Oct 2005

第4章　基于IR－UWB的收发机的硬件结构

脉冲无线电超宽带(IR－UWB)是一种极具吸引力的无线技术，适用于各种无线人体局域网(WBAN)应用。低功率的发射机设计和低复杂性的硬件实现为开发具有高数据速率体型小的传感器节点提供了可能性。UWB收发机是基于UWB的WBAN系统提供无线通信所需要的核心设备，它可以决定WBAN的重要特性，如数据传输速率和功率消耗。本章的重点就是WBAN应用中基于UWB的传感器节点的硬件实现，其中说明了UWB收发机结构的各种实现方式并且分析了它们在各种WBAN应用中的是否合适。此外，还讨论了不同的UWB脉冲发生技术。

4.1　引　　言

UWB收发机是所有UWB传感器节点的主要组成部分。UWB发射机设计简单而且与窄带发射机相比消耗的功率较少。IR－UWB发射机的设计包括UWB脉冲发生器。IR－UWB脉冲发生器可以划分为若干子类别，如基带脉冲发生器和上变频脉冲发生器。

IR－UWB接收机在设计上更为复杂而且与IR－UWB发射机相比消耗的功率更多，这样就会给低功率WBAN设备中使用IR－UWB技术带来挑战。可以研究一些能够发挥IR－UWB发射机优点，同时避免在可穿戴和可植入硬件平台中采用IR－UWB接收机缺点的备选方法。IR－UWB接收机可以分为两个主要类别：非相干接收机和相干接收机。这两种UWB接收机的适用性在很大程度上取决于应用的性质。

本章主要研究各种WBAN应用中基于UWB的收发机的实现；讨论文献中实现UWB发射机和接收机的不同设计方案，并重点讨论它们的优缺点。

4.2　UWB 发射机的设计技术

UWB 发射机位于以 UWB 为基础的传感器节点的核心位置。与采用窄带发射机的情况不同，UWB 发射机的射频（RF）部分并不能决定总体的功率消耗。因此，必须小心地减少发射机电路系统其余部分的功率消耗。本章将分析文献中所提供的一些常用的发射机设计技术。

UWB 发射机的设计首先可以从 UWB 窄带脉冲发生器入手。UWB 脉冲发生器的早期版本为产生脉冲而使用了阶跃恢复二极管（SRD），并使用肖特基二极管进行脉冲整形。在这一技术中，SRD 会在极短的上升时间内形成电压阶跃[1,2]。通过在整个传输线路中传播这一阶跃函数，可以形成这一阶跃函数的延迟版本。最初的阶跃函数会与自身的延迟版本相结合，从而产生 UWB 窄带脉冲。在这种脉冲发生的方法中存在若干缺点，所以这种技术对于各种 WBAN 应用来说吸引力较低。为获得延迟的脉冲，所用到的传输线路长度需要很大，因此会导致电路的体积很大。这种脉冲发生方法对于波传播路径中有可能出现的反射波非常敏感，因此即便出现很小的制造故障，也会对电路产生很大的影响。通过这一方法可以产生的脉冲振幅会被限制为数百毫伏（mV）[1]。因此，在通过某一无线链路进行传输之前需要大幅放大。然而，这种方法可以为大部分现代 UWB 脉冲发生技术提供依据，即为生成窄带脉冲而将波形与其延迟版本相结合。

UWB 脉冲发生器可以被划分为三个主要类别：基带脉冲发生器、基于上变频脉冲发生器和波形合成脉冲发生器。

4.2.1　基带 UWB 脉冲发生器

在这种方法中，基带脉冲最初会以矩形脉冲的形式产生[3-6]。这种矩形基带脉冲可以提供宽频谱信号。然而，起始基带脉冲并不符合 FCC（美国联邦通信委员会）的频谱要求。因此，为形成脉冲频谱，需要采用一个滤波级，这样就能符合 FCC 的频谱遮罩要求。基带脉冲发生方法如图 4.1 所示。

在基带脉冲发生器中，矩形脉冲及其延迟版本会通过一个异或（XOR）门，形成一个边缘结合电路，随后可以采用无源带通滤波器（BPF）[3,5] 或者有限冲击响应（FIR）的滤波器[7] 对异或门输出的矩形窄脉冲进行滤波。采用输入数据波形本身[8,9]、通过布置触发器[5] 或采用单独的时钟波形[4] 都可以获得异或门输入的矩形脉冲。

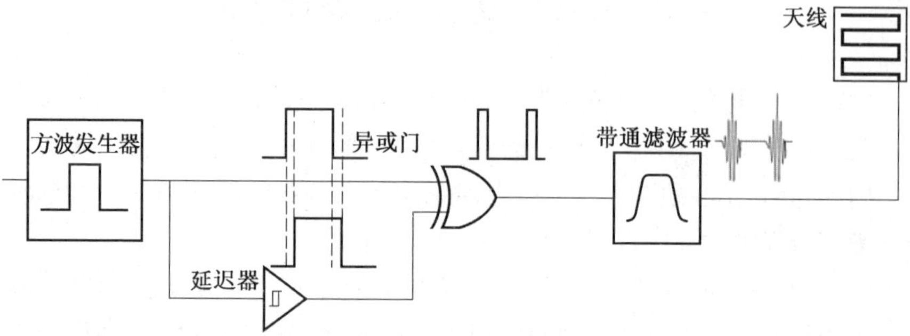

图 4.1　基带脉冲发生方法

采用时钟作为矩形波信号源的脉冲发生器实例如图 4.2 所示[10]。在异或门之后使用与门可以在时钟信号的每一个上升沿处形成 IR－UWB 脉冲，随后利用另一个与门可以用数据信号调制 UWB 脉冲。

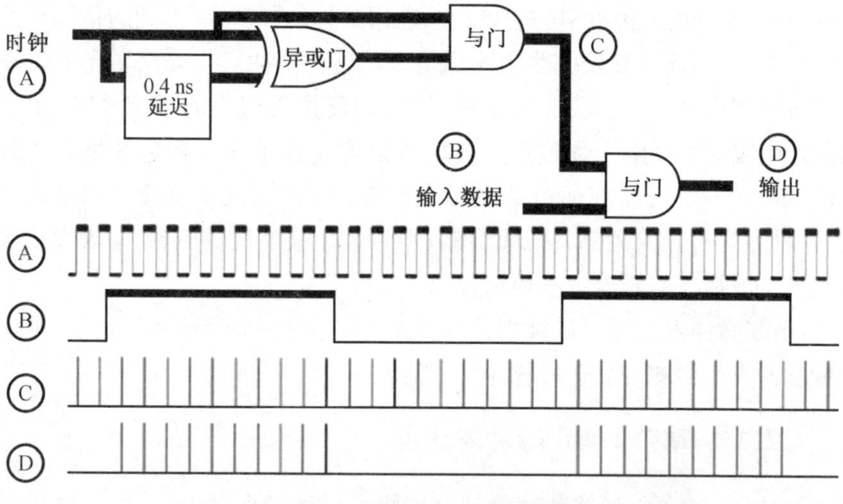

图 4.2　采用时钟作为矩形波信号源的脉冲发生器实例

基带脉冲发生方法的优势在于设计简单，它可以避免直接产生符合 FCC 频谱要求的 UWB 脉冲时出现的复杂性。为使 UWB 脉冲谱落入目标频率范围，必须对矩形波功率谱的主要部分进行滤波，这会造成严重的功率损失。经过 BPF 级之后，UWB 脉冲谱的振幅往往小于 FCC 频谱遮罩。因此，BPF 之后有可能会需要一个功率放大级，这样才能使用最大允许的频谱振幅。使用功率放大器会进一步增加 UWB 发射机的功率消耗。

4.2.2　基于上变频的UWB脉冲发生器

上变频方法采用混频器将基带脉冲的频率上变频到目标频率范围之内。矩形[11]和三角形[12]脉冲都可以作为基带脉冲流使用，这些脉冲的上变频会消除对基带脉冲的宽频谱要求，如为了产生最终的UWB脉冲流而采用矩形脉冲。因此，三角形脉冲流更加适合作为脉冲发生的基础。与矩形脉冲相比，三角形脉冲的功率谱已经抑制了旁瓣，因此可以减少通过采用矩形波脉冲作为基带脉冲而有可能出现的功率损失。应当注意的是，尽管在以CMOS IC为基础为的设计中可以轻松地产生这种三角形脉冲，但是以矩形脉冲为基础的方法才是采用现成组件开发UWB脉冲发生器最方便的方法。文献[12]中所述的基于三角形脉冲的上变频脉冲发生器如图4.3所示。

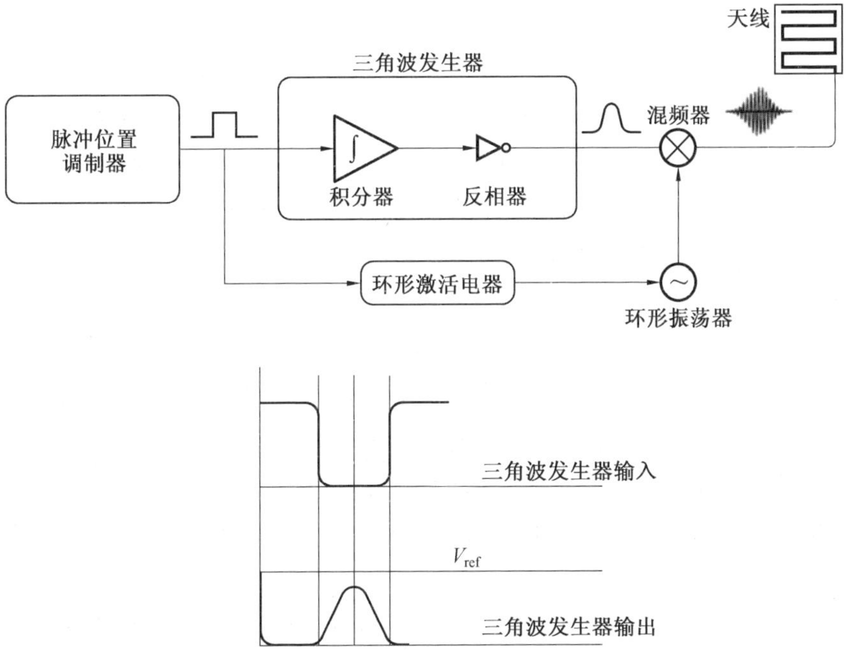

图4.3　基于三角形脉冲的上变频脉冲发生器

在这种方法中，采用积分电路与反相器相结合的方式可以产生三角形脉冲。这一三角形脉冲发生器会与脉冲位置调制(PPM)数据波形一起提供，在数据波形的上升和下降沿处开始积分。基带三角形脉冲的振幅可以通过积分器的阈值确定，然后通过混频器可以将基带三角形脉冲上变频为较高的频率。只有当存在脉冲时，环形激活电路才可以激活振荡器，因此它可以减少电路的总体能量消耗。

为产生三角形脉冲使用的积分器会增加电路的功率消耗。文献[13]介绍了一种采用逻辑门、更加高效的三角形脉冲发生机制，此时三角形脉冲是通过将本身具有反相功能的矩形波的上升沿和下降沿相结合的方式产生的。

上变频脉冲发生技术具有与基带脉冲发生技术相同的优点。此外，按照这一方法可以在基带域中确定最终脉冲。因此，这一方法可以运用基带脉冲整形技术，而不是在高频条件下对脉冲进行整形。这种方法可以尽量避免使用易耗功率的 RF 组件。然而，这种方法同时也会在混频器和振荡器中消耗相对较大的功率。

4.2.3 波形合成(脉冲整形)UWB 脉冲发生器

在某些 UWB 脉冲发生器中会采用脉冲整形技术直接在目标频率范围内合成 UWB 脉冲。与基带脉冲发生器不同，这种 UWB 脉冲发生器不会使用基带脉冲流滤出那些频谱部分属于目标频率范围的信号。它可以采用波形合成技术直接合成 UWB 脉冲，这样它们就会直接进入目标频率范围，此时不需要使用任何滤波技术。UWB 脉冲的直接合成可以通过若干方法实现。文献[14,15]中所述的方法可以在 RF 域中产生三角形脉冲。文献[14]中说明了三角形 UWB 脉冲发生器的全数字实现方案，在这种方法中，可以通过用延迟锁相环(DLL)形成若干矩形脉冲边沿的方式产生三角形脉冲(图 4.4(a))。通过变化原始的矩形脉冲延迟，可以对脉冲波形进行数字化控制，因此针对功率较低的应用，推荐将其应用于模拟脉冲发生技术之中。对于单独的负脉冲和正脉冲，可以进行功率放大。最后，这些脉冲会通过采用平衡 - 非平衡适配器的方式组合起来。这种方法以增加硬件复杂性为代价，在脉冲发生过程中提供更大的可控性。

文献[15]中给出了复杂性较低、以逻辑门为基础的三角形脉冲发生技术。在这种方法中，通过组合异或门的方法产生的三角形脉冲会被用于周期性切换电压控制的环形振荡器，可以在 RF 域中产生三角形 UWB 脉冲。由于振荡器只在脉冲出现时才能操作，因此比起其他方法中本机振荡器的连续操作，这种方法会减少功率浪费。

文献[16](图 4.4(b))说明了基于数字模拟转换器(DAC)的 UWB 脉冲直接合成方法。为在 RF 域中合成准确的 UWB 脉冲，这种方法可以采用高速

DAC。这一方法会忽略脉冲发生中的精确性,因此也会在硬件复杂性方面忽略脉冲谱可以达到的可控性。这一方法的主要缺点在于:DAC 必须在极高的采样速度条件下(约为 10 Gbit/s)工作才能产生 UWB 脉冲。这一点不仅会对 DAC 的实现造成挑战,而且输入数据流也必须以极高的速度操作,因此它需要使用高速的逻辑电路。一般来说,由于对电路实现提出高精确性的要求,因此波形合成 UWB 脉冲发生方法往往适合采用诸如 CMOS 等先进技术的片上实现情况。

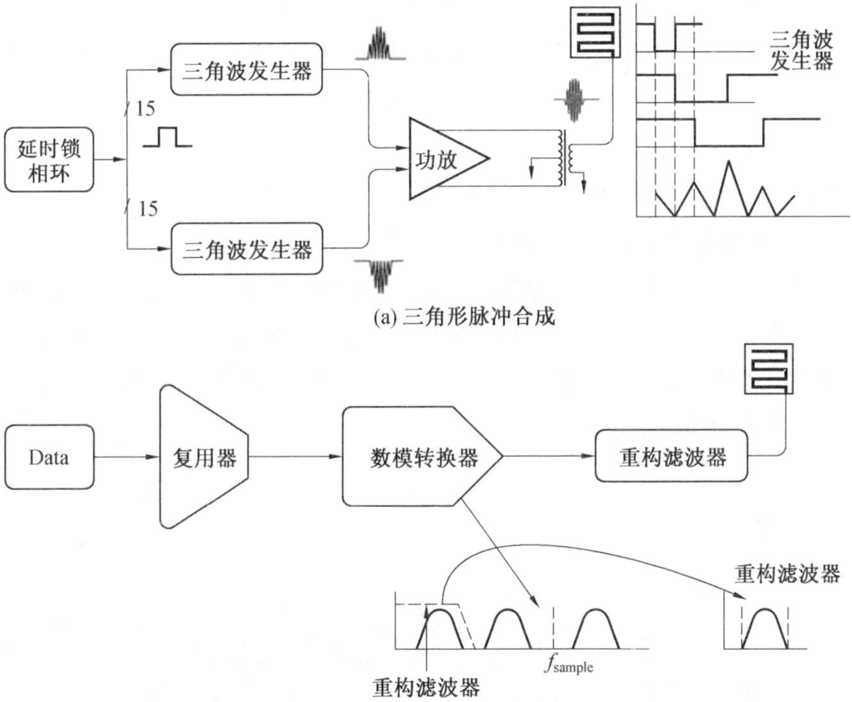

(a) 三角形脉冲合成

(b) 基于DAC的脉冲合成

图 4.4　波形合成 UWB 脉冲发生器

4.3　UWB 接收机的设计技术

由于信号的脉冲宽度小而且功率低,因此用于 UWB 接收机的前端电路系统设计复杂而且功率消耗很大。UWB 接收机中的模数转换器需要大输入带宽和高采样速度。例如,美国国家半导体公司推出的 ADC12D1800[17] 具有

3.5 kM/s 样本的采样速度，而且输入带宽达到 1.75 GHz，但是它的功率为 4.4 W，这就不太适合电池式 UWB 传感器的设计。尽管随着窄带系统的前端电路的演化，ADC 已经接近于天线，但是人们仍并没有将其视为 UWB 系统适用的技术。UWB 接收机的全数字实现需要对纳秒级的 UWB 窄脉冲进行精确合成并且解决已接收 UWB 信号的众多多径分量问题[18]。

UWB 接收机共分为两个类型：非相干接收机和相干接收机。

4.3.1　非相干 UWB 接收机

非相干 UWB 接收机可以进一步划分为两个类别：能量检测（ED）接收机和自相关（AcR）接收机。文献[19,20]中讨论了 ED UWB 接收机的结构。在这种接收机中，会使用平方设备求已接收到的 UWB 信号的自相关，这一点可以通过在饱和区操作 MOSFET 的方式实现。文献[20]中所述的能量检测非相干 UWB 接收机框架如图 4.5 所示。ED UWB 接收机不需要进行信道估计，因此可以大大降低硬件的复杂性。从功率消耗的角度来说，可以获得出色的性能。然而，这种接收机的信噪比却不及其他类型的 UWB 接收机，这主要是因为使用了嘈杂的已接收信号作为模板信号。同时，接收机的性能会在具有很多干扰器的环境中迅速下降。

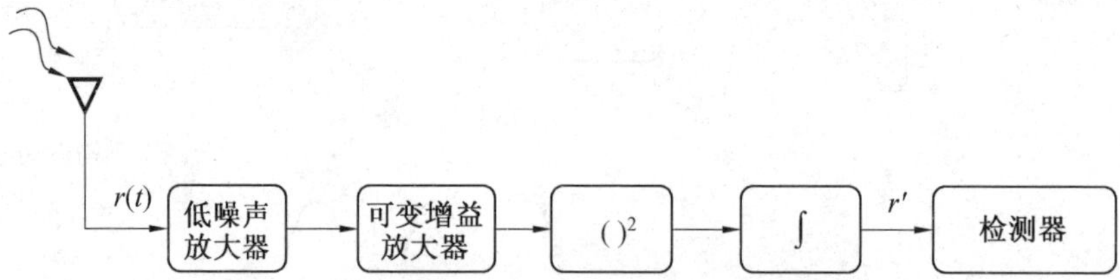

图 4.5　能量检测非相干 UWB 接收机框架

AcR 接收机采用延迟路径和乘法电路代替能量检测接收机中的平方电路。AcR 接收机的操作基于发射机参考脉冲的使用，以便与参考脉冲之后的数据调制脉冲相关联。可以通过使用延迟线对每一个数据调制脉冲之前所传输的基准脉冲进行延迟，并作为之后数据接收的信号模板使用。基准脉冲中所嵌入的信道信息可以减少码间干扰（ISI），提升接收机的性能。自相关非相干 UWB 接收机的基本结构图如图 4.6 所示。文献[21,22]讨论了 AcR 接收机的性能。AcR 接收机的主要缺点在于需要使用精确的延迟线，同时它还会因使用嘈杂的模板而造成性能下降。

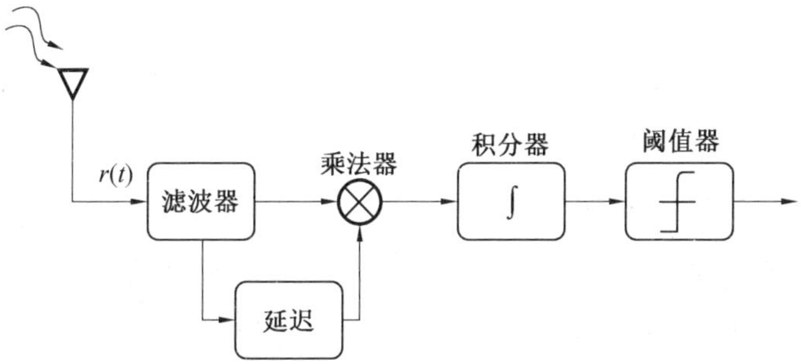

图 4.6　自相关非相干 UWB 接收机的基本结构图

ED 和 AcR 接收机的 BER 性能都取决于积分窗口时间,它可以决定在积分周期中收集到的信号能量[18]。此外,文献[18]表明 ED 接收机在 OOK(开关键控)和二进制脉冲位置调制(BPPM)方案中的 BER 表现好于 AcR 接收机。文献[23]里的结果表明ED接收机比AcR接收机具有更高的功率效率。

4.3.2　相干 UWB 接收机

在相干接收机中,可以在已接收到的波形和本地产生的波形模板之间做相关。它需要对信道、模板生成机制进行合理的估计,这样会导致设计复杂而且会消耗很多功率。文献[24]中说明了最佳相干接收机的发展情况。相干 UWB 接收机的基本结构图如图 4.7 所示。最佳相干接收机的本地模板生成器所生成的模板与所传输的信号紧密匹配。同时,为补偿存在的多径分量,它还必须进行信道估计,这样就会造成设计的复杂性提高而且功率消耗增大。

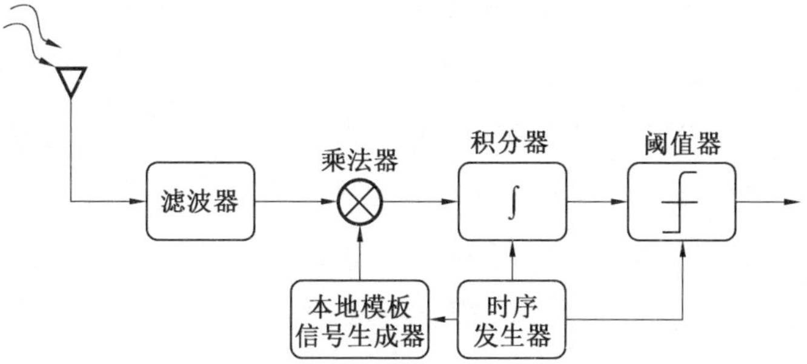

图 4.7　相干 UWB 接收机的基本结构图

为重新构建原始波形[25]，相干 RAKE 接收器会利用 UWB 信号精确的多径分量的能量。由于 UWB 信号具有很高的时间分辨率，因此这种类型的相干接收机需要大量的抽头，这两种相干接收机的性能都会随着定时抖动和同步错误而下降[26]。相干接收机的性能与文献[27,28]中非相干接收机的性能进行比较，表明以很高的电路复杂性以及很高的功率消耗为代价能在相干接收机中获得更高的准确率。文献[28]中已经表明，如果定时抖动值超过 18 ps，则非相干接收机的表现将会好于相干接收机。

4.4　UWB 传感器节点设计

尽管许多出版物都介绍了 UWB 发射机集成电路（IC）的实现情况，但是只有少数出版物完整地介绍过基于 UWB 传感器平台的实现情况，包括其他的外围电子设备，如微型控制器、传感器前端电路、接收机后端处理单元和匹配电路。本节会介绍参考文献中可以找到的一些基于 UWB 的传感器节点的完整实现情况。

文献[29]（图 4.8(a)）中给出了在 UWB 脉冲发生器 IC 基础上建造的 UWB 传感器节点。在这一设计中，为产生 UWB 脉冲，需要采用开关电压控制环形振荡器方法，需要使用现场可编程门阵列（FPGA）提供数据并且使用上述脉冲发生技术所产生的脉冲流进行调制。这项工作同时可以体现出在同一印制电路板（PCB）上实现 UWB 天线的情况。这一传感器节点不是独立操作的完全集成，因为相关的数据和控制信号都必须通过采用外部 FPGA 产生。

文献[30]给出了采用现成组件开发出来的 UWB 发射机。在这种方法中，采用一系列比较器可以在基带域中产生矩形窄脉冲。通过将这些窄脉冲与采用锁相环路产生的高频信号相混合，可以产生 RF 脉冲。这一电路的功率消耗为 660 mW，因此它并不适用于功率要求严格的 UWB 应用。

文献[31,32]（图 4.9）中给出了只能发送的 UWB 传感器节点设计，基于放大器的 UWB 传感器节点设计如图 4.10 所示，说明了其主要的操作指令

(a) 文献[29]的IEEE版本

(b) 文献[30]的IEEE版本

图 4.8　UWB 传感器节点设计

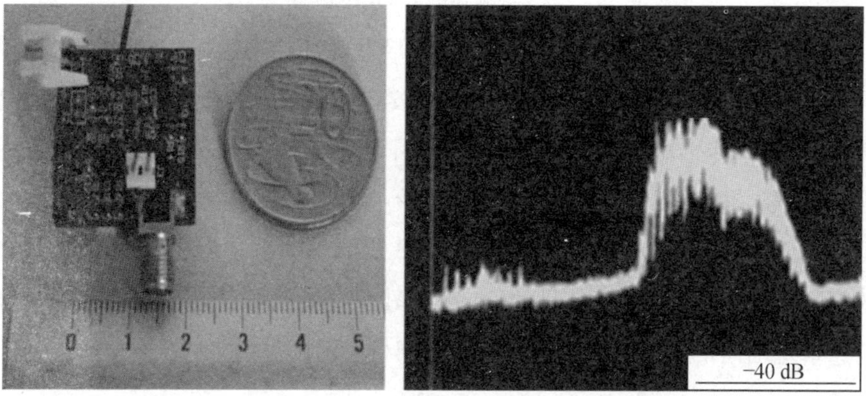

图 4.9　基于放大器的 UWB 传感器节点设计和发射频谱(见彩图)

块。这些传感器节点会在尺寸为27 mm(长) × 25 mm(宽) × 1.5 mm(高)的四层PCB上进行装配,对于在可穿戴的WBAN节点中使用来说具有足够的紧凑性。这一传感器节点在设计上会使用以放大器为基础的硬件结构。在这一设计中,基带窄脉冲会采用通带为3.5 ~ 4.5 GHz的BPF进行滤波,然后采用达到 - 41.3 dBm发射功率级的宽带低噪声放大器对这些UWB脉冲进行放大。采用这一放大器是为保证UWB脉冲的振幅足以提供某一WBAN应用的目标覆盖领域。

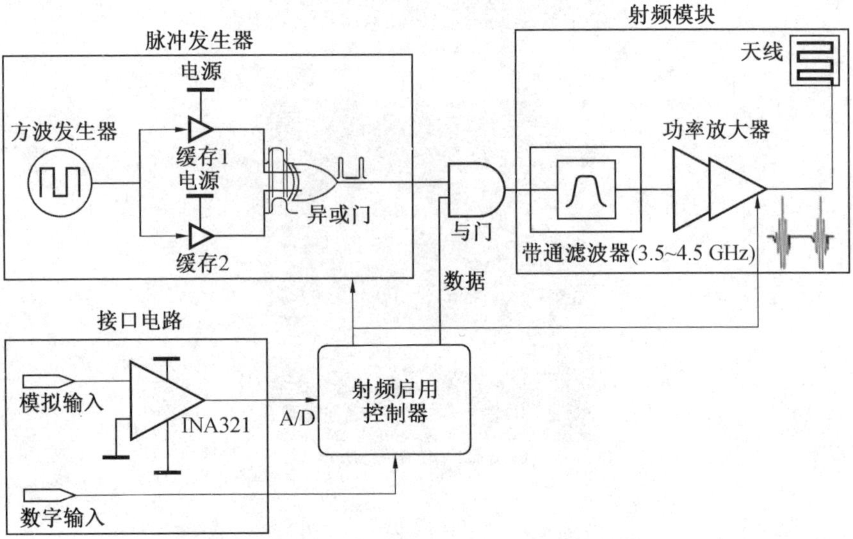

图4.10　基于放大器的UWB传感器节点设计

基于放大器的传感器节点所产生的UWB脉冲功率谱,这一功率谱包括若干遍布UWB带宽的频率波瓣,这些频率波瓣的振幅会朝着UWB频谱的上部缩小。UWB传感器节点可以被设计成用于在3.5 ~ 4.5 GHz频段上传输UWB信号。如图4.11(a)如示,在3.5 ~ 4.5 GHz频段范围内的频率波瓣振幅远低于FCC的最大允许功率级(- 41.3 dBm/MHz)。为在3.5 ~ 4.5 GHz的频段范围内提高UWB信号的功率级(图4.11),在保持功率级在FCC的频谱遮罩范围内的同时,这种传感器节点设计会采用两个放大器级。

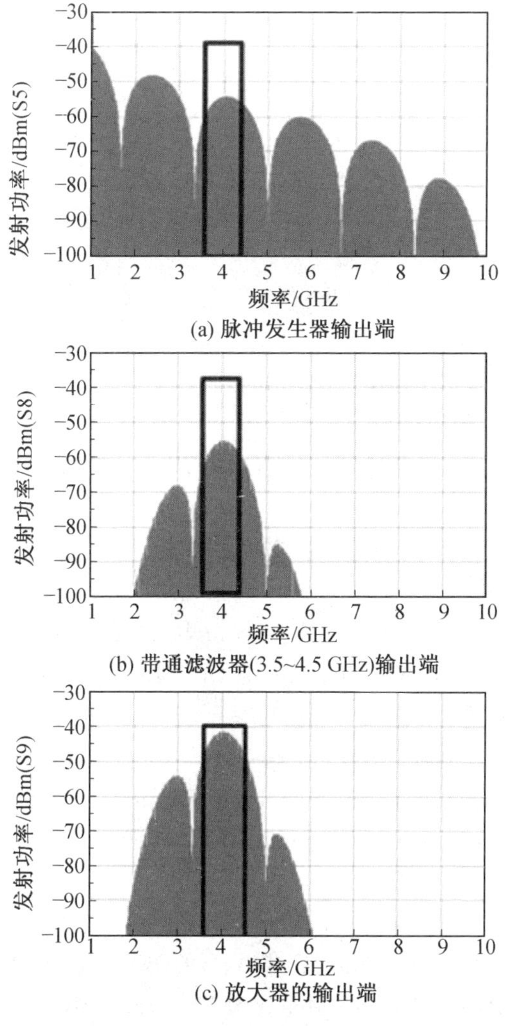

(a) 脉冲发生器输出端

(b) 带通滤波器(3.5~4.5 GHz)输出端

(c) 放大器的输出端

图4.11　基于放大器的传感器节点所产生的UWB脉冲功率谱

4.5　本章小结

本章给出了UWB硬件实现中常用的收发机结构的简要介绍，同时也讨论了UWB发射机开发时采用的三种脉冲发生器：基带脉冲发生器、基于上变频的脉冲发生器和波形合成脉冲发生器。在这三种脉冲发生方法中，基于上变频的脉冲发生方法从低功率消耗和低设计复杂度的角度来说具有最大的优势,这一方法被视为最适用于UWB发射机设计的技术。波形合成脉冲发生器可以在UWB应用的目标频率范围中直接产生脉冲,无需中间基带级。与上变频方法相比,它在设计方面更加复杂。这种脉冲发生器是一种适用于基于IC的功率高效UWB硬件的设计技术。

与UWB发射机相比,UWB接收机在设计方面具有其固有的复杂性。这主要是因为现实中,UWB接收机必须接收低功率的UWB窄信号而且必须执行对UWB窄脉冲进行精确同步化等功能。共有两种主要的UWB接收机实现方案:相干接收机和非相干接收机。非相干UWB接收机更加适用于各种WBAN应用,这主要是因为硬件设计没有那么复杂而且功率消耗很低。除非相干UWB接收机外,ED接收机比AcR接收机更加可取,特别是对于存在强视距(LOS)的各种短程应用更是如此。这主要是因为AcR接收机需要对精确的延迟线进行合成,这样会导致硬件合成复杂。

参考文献

[1] H. Jeongwoo, N. Cam, A new ultra-wideband, ultra-short monocycle pulse generator with reduced ringing. IEEE Microw. Wirel. Compon. Lett. 12, 206-208 (2002)

[2] L. Jeong-Soo, N. Cam, Novel low-cost ultra-wideband, ultra-short-pulse transmitter with MESFET impulse-shaping circuitry for reduced distortion and improved pulse repetition rate. IEEE Microw. Wirel. Compon. Lett. 11, 208-210 (2001)

[3] S. Bourdel, Y. Bachelet, J. Gaubert, R. Vauche, O. Fourquin, N. Dehaese, H. Barthelemy, A 9-pJ/Pulse 1.42-Vpp OOK CMOS UWB pulse generator for the 3.1-10.6 GHz FCC band. IEEE Trans. Microw. Theory Tech. 58, 65-73 (2010)

[4] L. Smaini, C. Tinella, D. Helal, C. Stoecklin, L. Chabert, C. Devaucelle, R. Cattenoz, N. Rinaldi, D. Belot, Single-chip CMOS pulse generator for UWB systems. IEEE J. Solid-State Circuits 41, 1551-1561 (2006)

[5] S. Sanghoon, K. Dong-Wook, H. Songcheol, A CMOS UWB pulse generator for 3-10 GHz applications. IEEE Microw. Wirel. Compon. Lett. 19, 83-85 (2009)

[6] M. R. Yuce, W. Liu, M. S. Chae, J. S. Kim, A wideband telemetry unit for multi-channel neural recording systems. IEEE international conference on ultra-wideband (ICUWB), pp. 612-617, Sept 2007

[7] Z. Yunliang, J. D. Zuegel, J. R. Marciante, W. Hui, A 0.18 μm CMOS distributed transversal filter for sub-nanosecond pulse synthesis, in IEEE Radio and Wireless Symposium, pp. 563-566, 2006
[8] M. Chae, W. Liu, Z. Yang, T. Chen, J. Kim, M. Sivaprakasam, M. Yuce, A 128- channel 6mW wireless neural recording IC with on-the-fly spike sorting and UWB transmitter. IEEE international solid-state circuits conference (ISSCC'08), pp. 146-603, 3-7 Feb 2008
[9] Y. Gao, Y. Zheng, S. Diao, W. Toh, C. Ang, M. Je, C. Heng, Low-power ultra-wideband wireless telemetry transceiver for medical sensor applications. IEEE Trans. Biomed. Eng. 58(3), 768, 772 (2011)
[10] Ho Chee Keong, M. R. Yuce, Low data rate ultra wideband ECG monitoring system. IEEE engineering in medicine and biology society conference, pp. 3413-3416, August 2008
[11] D. D. Wentzloff, A. P. Chandrakasan, Gaussian pulse generators for subbanded ultra-wideband transmitters. IEEE Trans. Microw. Theory Tech. 54, 1647-1655 (2006)
[12] J. Ryckaert, C. Desset, A. Fort, M. Badaroglu, V. De Heyn, P. Wambacq, G. Van der Plas, S. Donnay, B. Van Poucke, B. Gyselinckx, Ultra-wide- band transmitter for low-power wireless body area networks: design and evaluation. IEEE Trans. Circuits Syst. I Regul. Pap. 52, 2515-2525 (2005)
[13] K. Hyunseok, J. Young Joong, and J. Sungying, Digitally controllable bi-phase CMOS UWB pulse generator. IEEE international conference on ultra-wideband, pp. 442-445, 2005
[14] T. Norimatsu, R. Fujiwara, M. Kokubo, M. Miyazaki, A. Maeki, Y. Ogata, S. Kobayashi, N. Koshizuka, K. Sakamura, A UWB-IR transmitter with digitally controlled pulse generator. IEEE J. Solid-State Circuits 42, 1300-1309 (2007)
[15] Z. Ming Jian, L. Bin, W. Zhao Hui, 20-pJ/Pulse 250 Mbit/s Low-complexity CMOS UWB transmitter for 3-5 GHz applications. IEEE Microw. Wirel. Compon. Lett. 23, 158-160 (2013)
[16] D. Baranauskas, D. Zelenin, A 0.36 W up to 20GS/s DAC for UWB wave formation. IEEE international solid-state circuits conference, pp. 2380-2389, 2006

[17] http://www. national. com/pf/DC/ADC12D1800. html#Overview,2013

[18] L. Lampe, K. Witrisal, Challenges and recent advances in IR-UWB system design, in IEEE International Symposium on Circuits and Systems, pp. 3288-3291, June 2010

[19] D. Barras, R. Meyer-Piening, G. von Bueren, W. Hirt, H. Jaeckel, A low-power baseband ASIC for an energy-collection IR-UWB receiver. IEEE J Solid-State Circuits 44(6), 1721, 1733 (2009)

[20] A. Gerosa, S. Soldà, A. Bevilacqua, D. Vogrig, A. Neviani, An energy-detector for noncoherent impulse-radio UWB receivers. IEEE Trans. Circuits Syst. I Regul. Pap. 56(5), 1030-1040 (2009)

[21] L. Jinjin, L. Jianan, S. Zhiyuan, A new transmitted reference based UWB receiver. Int. Conf. Commun. Mobile Comput. 3, 97-101 (2010)

[22] G. F. Tchere, P. Ubolkosold, S. Knedlik, O. Loffeld, Bit error performance of UWB differential transmitted reference systems, in International Symposium on Communications and Information Technologies, pp. 609-614, Sep 2006

[23] K. Witrisal, G. Leus, G. Janssen, M. Pausini, F. Troesch, T. Zasowski, J. Romme, Noncoherent ultra-wideband systems. IEEE Signal Process. Mag. 26, 48-66 (2009)

[24] L. Zhou, Z. Chen, C. Wang, F. Tzeng, V. Jain, P. Heydari, A 2-Gb/s 130-nm CMOS RF-correlation-based IR-UWB transceiver front-end. IEEE Trans. Microw. Theory Tech. 59(4), 1117-1130 (2011)

[25] C. Geng, Y. Pei, W. Wen, Z. Luan, N. Ge, ASIC implementation of fractionally spaced Rake receiver for high data rate UWB systems. Electron. Lett. 47(3), 215-217 (2011)

[26] W. M. Lovelace, J. K. Townsend, The effects of timing jitter and tracking on the performance of impulse radio. IEEE J. Sel. Areas Commun. 20, 1646-1651 (2002)

[27] O. Mi-Kyung, J. Byunghoo, R. Harjani, P. Dong-Jo, A new noncoherent UWB impulse radio receiver. IEEE Commun. Lett. 9, 151-153 (2005)

[28] A. Idriss, R. Moorfeld, S. Zeisberg, A. Finger, Performance of coherent and non-coherent receivers of UWB communication. Second IFIP international conference on wireless and optical communications networks, pp. 117-122, 6-8 March 2005

[29] T. Wei, E. Culurciello, A low-power high-speed ultra-wideband pulse radio transmission system. IEEE Trans. Biomed. Circuits Syst. 3, 286-292 (2009)

[30] J. Colli-Vignarelli, C. Dehollain, A discrete-components impulse-radio ultrawide-band (IR-UWB) transmitter. IEEE Trans. Microw. Theory Tech. 59, 1141-1146 (2011)

[31] M. R. Yuce, K. M. Thotahewa, K. Ho Chee, Development of low-power UWB body sensors, in International Symposium on Communications and Information Technologies, pp. 143-148, 2012

[32] K. Ho Chee, M. R. Yuce, UWB-WBAN sensor node design. Annual international conference of the IEEE engineering in medicine and biology society, pp. 2176-2179, 2011

第5章　为检测医学信号而采用双频段进行的超宽带传感器节点的开发

脉冲无线电超宽带(IR - UWB) 由于其固有的特点,如低功率的发射机设计、低复杂度的硬件实现,可以开发出外形小巧和数据传输速率高的传感器节点,因此IR - UWB被认为是一项非常适用于WBAN应用的无线技术。然而,IR - UWB接收机通常在设计方面具有复杂性,而且与IR - UWB发射机相比会消耗大量的功率。在低功率的WBAN设备中采用IR - UWB技术无疑是一种巨大的挑战。本章讨论包含紧凑型可穿戴传感器节点设计和离体协调器节点的体域网双频段通信系统的硬件实现。传感器节点的硬件结构设计利用UWB用于数据传输,同时使用窄带链路完成数据接收。本章分析紧凑型传感器节点硬件实现方面的设计思路,如避免UWB和传感器节点窄带部分之间出现干扰、射频(RF) 阻抗匹配技术和电路微型化技术。同时,本章还给出采用双频段通信系统所获得的实验测量值。

5.1　引　　言

适用于WBAN的传感器节点设计实例[1] 如图5.1所示。传感器节点的常用硬件实现。传感器会被用于检测人体信号,微型控制器会处理无线传输时传感器数据的数字化、处理和格式化,收发机通过传输由微控制器产生的数据完成无线通信。

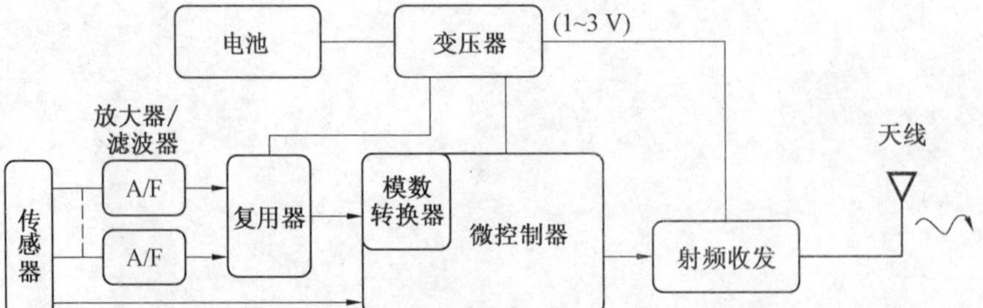

图5.1　适用于WBAN的传感器节点设计实例[1]

同时,通过天线,该设备单元可以为传感器节点提供无线功能。在各种无线传感器网络应用中,收发机会使用同一信号频段进行数据的发送和接收。只能发送型IR－UWB传感器节点的设计[2-4]如图5.2所示。这一设计采用了只发送的方法将数据从传感器节点传输到中央协调器节点。

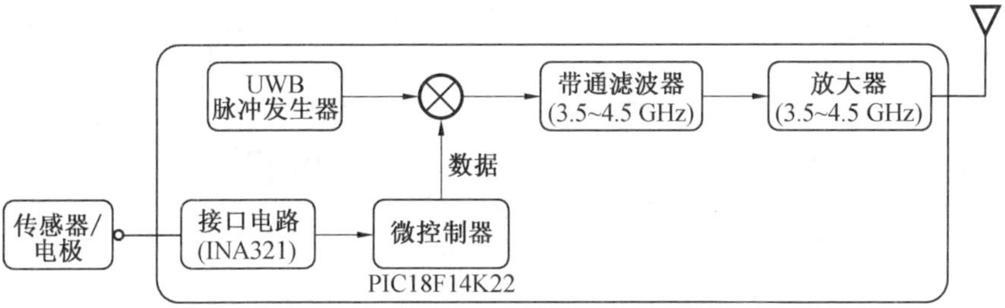

图5.2　只能发送型IR－UWB传感器节点的设计[2-4]

本章所述的体域网传感器节点为电池式而且包括一个IR－UWB发射机,一个433 MHz工业、科学、医疗(ISM)频段接收机,一个模拟接口电路,以及一个微型控制器模块[5,6]。使用ISM频段接收机可以代替在传感器节点对复杂UWB接收机的需求,因此可以大大减少功率消耗以及相关传感器节点的设计复杂性。IR－UWB脉冲发生器和IR－UWB RF部分位于传感器节点的核心位置。为设计出具有较低硬件实现复杂度和更强性能的IR－UWB脉冲发生器,本章分析了IR－UWB信号的各种物理层特性,如脉冲宽度、脉冲重复频率(PRF)和脉冲下降时间。IR－UWB RF部分是在基于上变频的硬件结构上开发而成的,使用混频器对基带脉冲进行上变频,其目的是利用频谱下半部分包含的较高功率,该频谱的下半部分属于通过IR－UWB脉冲发生器产生的基带脉冲流。在介绍工作在UWB频段(3.5 ~ 4.5 GHz)的发射机和在433 MHz ISM频段的接收机时,本章会详细说明需要的硬件设计技术。为高效操控传感器节点,本章还概述了微型控制器中实现的控制程序。

协调器节点发挥着无线人体局域网(WBAN)系统中的中央控制设备的作用,它包括一个IR－UWB接收机前端、一个433 MHz ISM频段发射机、一个现场可编程门阵列(FPGA)和一个为了收集数据而与FPGA进行通信的计算机。本章介绍IR－UWB接收机前端两种不同的实现方法:第一代IR－UWB接收机前端是由可连接的射频(RF)组件组成;与第一代设计相比,第二代IR－UWB接收机前端的电路系统在一个四层PCB上实现,更具有紧凑性。这些接收机前端设计用在人体外,接收来自人体的双频段传感器节点的数据,因此可以采用商业电力供电。

5.2 双频段传感器节点的设计：在传感器节点中采用窄带接收机

采用双频段传感器节点的操作框图如图 5.3 所示，包括下述五个主要工作模块。

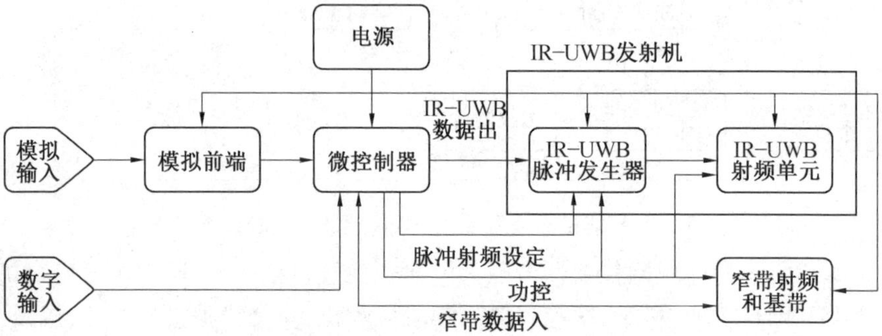

图 5.3　采用双频段传感器节点的操作框图

1. IR – UWB 脉冲发生器

可以产生 IR – UWB 窄脉冲，并且将它们与微型控制器所生成的数据位组合起来。

2. IR – UWB RF 部分

可以对基带 IR – UWB 脉冲进行滤波和上变频处理，使其符合 3.5 ~ 4.5 GHz 的目标频率范围。

3. 窄带 RF 和基带信号处理单元

采用433 MHz ISM 频段的协调器节点并且在数据进入微型控制器前对相关数据进行解析。

4. 微型控制器

微型控制器作为中央控制单元使用，负责协调传感器节点所有操作指令块的操作，包括从相应的输入端读取模拟和数字数据、从窄带接收机读取数据、设置IR – UWB脉冲发生器的PRF、生成IR – UWB发射机传输的数据位以及控制启动休眠模式下传感器节点各个部分的功率。此外，微型控制器会处理所有与传感器节点处的介质访问控制（MAC）协议操作相关的功能。

5. 模拟前端

这一部分与模拟输入信号相连，如采用微型控制器模数转换器（ADC）的心电图描记术（ECG）。

6. 功率管理设备

功率管理设备的职责就是供应并且控制电路所有工作部件的电源。传感器节点所有的RF相关电路,如IR - UWB发射机组件和窄带接收机模块,其电源为3 V,而其余的硬件部分会采用3.3 V的电源。

双频段传感器节点中每一个这样的操作指令块都会在下面的章节中详细地给予说明。

5.2.1　脉冲发生技术

IR - UWB脉冲发生器位于IR - UWB发射机的核心位置。因为考虑到第4章所述上变频脉冲发生技术的优点,所以采用这项技术。这种上变频脉冲发生技术可以使用混频器对脉冲发生器生成的基带脉冲进行上变频,并且对这些经过上变频的脉冲进行滤波,这样相关的脉冲谱就落在之前既定的带宽(对于本章所述的传感器节点来说为3.5 ~ 4.5 GHz)范围内。这项技术可以为采用现成组件开发的UWB发射机提供最大的功率效率。

在本章所述的传感器节点设计中,通过异或门传递周期矩形波信号及其延时版本可以产生IR - UWB脉冲(图5.4)。为将不同的延迟等级引入信号中[7,8],需要使用具有不同电源电压的两组缓冲器。文献[9]中介绍的工作表明,缓冲器输入端和输出端之间的延迟取决于对该缓冲器施加的电源电压,这种关系为

$$t_p = \frac{C_L}{2V_{DD}}\left(\frac{1}{k_1} + \frac{1}{k_2}\right) \tag{5.1}$$

式中　t_p—— 缓冲器所造成的传播延迟;

C_L—— 负载电容;

V_{DD}—— 缓冲器的电源电压;

k_1、k_2— 增益系数。

通过在两个完全相同的缓冲器中传递相同的矩形波信号,可以保持这两个缓冲器有相同的C_L、K_1和K_2,因此每一个缓冲器所产生的输出延迟只能通过调整每一个缓冲器的V_{DD}来加以控制。缓冲器的可调电压范围取决于缓冲器和异或门输入高压的技术规范。为生成窄脉冲流,电源电压满足应满足

$$\frac{\mathrm{VDDA}}{\beta} \geqslant \mathrm{VDDB} \geqslant \mathrm{VIH}_{\mathrm{XOR}}, \beta = \frac{\mathrm{VIH}_{\mathrm{Buffer}}}{\mathrm{VDDB}} \tag{5.2}$$

式中　VDDA和VDDB—— 这两个缓冲器的电源电压;

$\mathrm{VIH}_{\mathrm{XOR}}$—— 异或门的输入高压;

$\mathrm{VIH}_{\mathrm{Buffer}}$—— 缓冲器的输入高压。

采用矩形波振荡器可以产生输入这两个延迟线的矩形波。实际上,由于

矩形波输出端的有限输出电容,因此矩形波振荡器的输出会形成一个梯形信号,这样会造成异或门的输出端形成梯形的窄脉冲流。

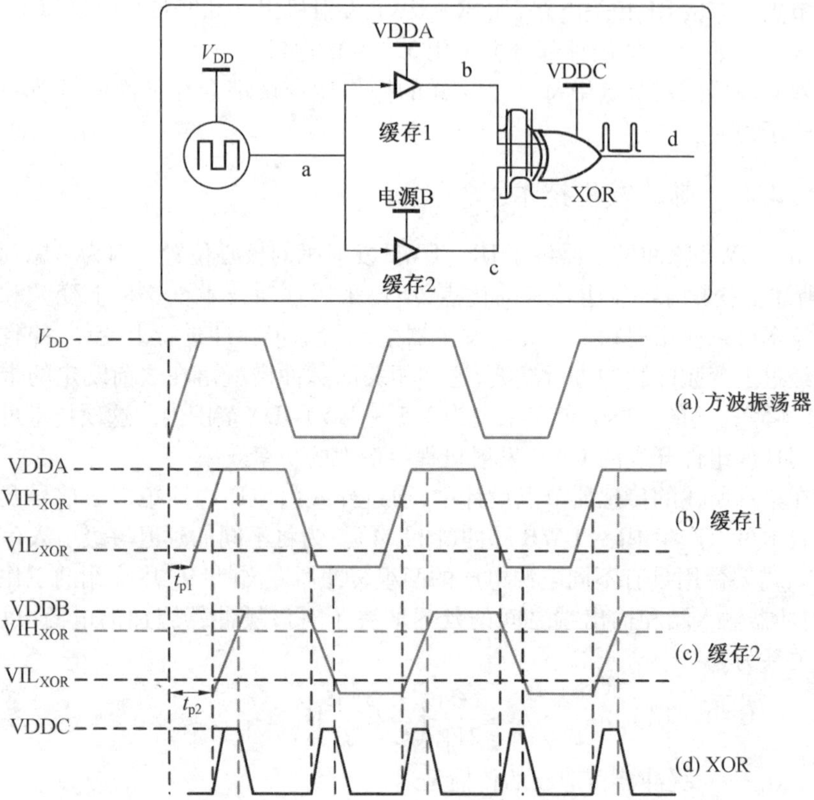

(a)为方波发生器输出;(b)、(c)为缓存1、2的输出;(d)为异或门的窄带脉冲流
VIH_{XOR}—异或门的输入高压;
VIL_{XOR}—异或门的输入低压;
t_{p1}—缓冲器1的传播延迟;
t_{p2}—缓冲器2的传播延迟

图 5.4　IR - UWB 脉冲发生

如果对缓冲器进行适量的延迟设置,可以拉近这些梯形波形的上升和下降沿,从而在异或门的输出端形成近似的三角形脉冲波形。与矩形脉冲的功率谱[9] 相比,三角形脉冲的功率谱已经抑制了旁瓣。因此,采用这一技术所产生的三角形脉冲可以减少因将矩形波脉冲作为UWB RF部分的基带脉冲使用时有可能出现的功率损失。通过这一机制产生的 IR - UWB 脉冲随后会通过使用混频器进行上变频,并通过带通滤波器(BPF) 进行频谱整形。这一过程可以在IR - UWB RF 部分完成,具体会在后述章节中加以讨论。IR - UWB

脉冲的属性，如上升时间、脉冲宽度和PRF，对于IR－UWB脉冲发生器的输出来说都发挥着重要的作用。为参数化IR－UWB脉冲发生器的电路元件，分析这些IR－UWB脉冲的属性非常重要。

5.2.2　UWB脉冲特性分析

本节会分析IR－UWB脉冲的特性，如脉冲宽度、上升时间和PRF，其目的是研究它们对UWB信号的发射频谱造成的影响。

1.脉冲宽度对UWB发射频谱的影响

脉冲发生器所产生的梯形波形是由几个参数决定的，即上升和下降时间（t_r，t_f）、脉冲宽度（t_w）和脉冲周期（T）。梯形脉冲串如图5.5所示。

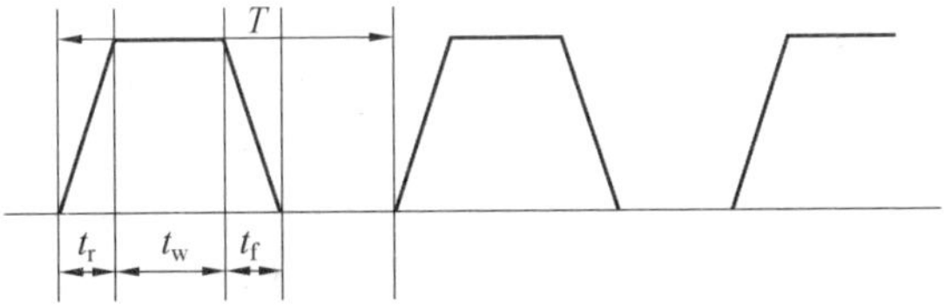

图5.5　梯形脉冲串

假定UWB脉冲的上升和下降时间是相等的（如$t_r=t_f$），则UWB基本脉冲（$p(t)$）的表达式为

$$p(t)=\begin{cases}0, & t<-t_r-\dfrac{t_w}{2}\\ \dfrac{A\left(t+t_r+\dfrac{t_w}{2}\right)}{t_r}, & -t_r-\dfrac{t_w}{2}\leqslant t\leqslant-\dfrac{t_r}{2}\\ A, & -\dfrac{t_w}{2}<t<\dfrac{t_w}{2}\\ \dfrac{A\left(t_r+\dfrac{t_w}{2}-t\right)}{t_r}, & \dfrac{t_w}{2}\leqslant t\leqslant\dfrac{t_w}{2}+t_r\\ 0, & t>\dfrac{t_w}{2}+t_r\end{cases}\tag{5.3}$$

式中　A——最大脉冲振幅；

t_r——脉冲的上升沿和下降沿的时间；

t_w——脉冲宽度。

脉冲串的傅立叶级数展开可以表达为

$$x(t)=\frac{2A(t_{w}+t_{r})}{T}\sum_{n=n_1}^{n_2}\frac{\sin\pi f_n t_r}{\pi f_n t_r}\frac{\sin\pi f_n(t_w+t_r)}{\pi f_n(t_w+t_r)}\cos(2\pi nft) \tag{5.4}$$

式中　$f_n=n/T$；

T——脉冲串的时间周期；

n——整数，且 $n_1=f_1/f$，$n_2=f_2/f$，其中 f_1 和 f_2 为 BPF 适用的上下截止频率。

本节所述的传感器节点适用的工作频率为 3.5 × 4.5 GHz，所以 f_1 = 3.5 GHz，f_2 = 4.5 GHz。RF 频段中其他设备的运行可能会产生干扰，如工作频率在 5 GHz 的 WLAN，因此选用这一频段来避免干扰。式(5.4)中的第一个 sinc 函数由脉冲的上升时间决定，第二个 sinc 函数则同时取决于上升时间和脉冲宽度，这就形成了同时作为上升时间和脉冲宽度的函数输出波形。

适用于 1 ns、0.5 ns 和 2 ns 脉冲宽度的发射频谱如图 5.6 所示，这些 UWB 发射频谱是通过一种商用的 RF 仿真软件——Advanced Design Systems 仿真

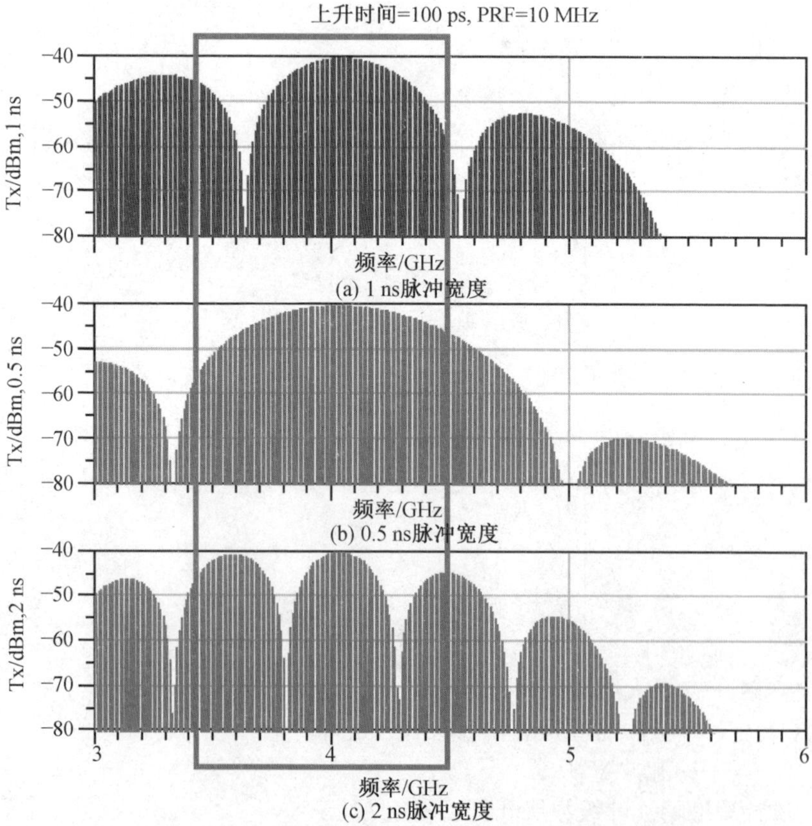

图 5.6　适用于 1 ns、0.5 ns 和 2 ns 脉冲宽度的发射频谱

得到的，仿真时均采用 5.2.1 节所述的脉冲生成技术。脉冲的上升和下降时间被设置为 100 ps，而脉冲串的 PRF 为 10 MHz。在 IR－UWB 系统中，UWB 脉冲宽度会影响单一 sinc 分量的频谱带宽，同时它还可以决定在以 4 GHz 为中心、带宽为 1 GHz 的频段范围内出现的零点（这段频段范围已在图中被灰色框圈起来了），在这段频段范围内出现的零点会对传输信号造成不利的影响。从如图 5.7 所示适用于 1 ns、0.5 ns 和 2 ns 脉冲宽度的发射脉冲中可以看出，空值的出现往往会缩小时域脉冲的脉冲振幅，同时还会生成两个时域脉冲而不是一个脉冲，这样就会使脉冲接收变得更加复杂。因此，建议选择一个合适的脉冲宽度，使得在所考虑的频段范围内不存在零点。这可以根据式(5.4)来确定，因为频谱中的零点具有周期性，会每隔 $\frac{1}{t_r + t_w}$ 的整数倍数出现一次。

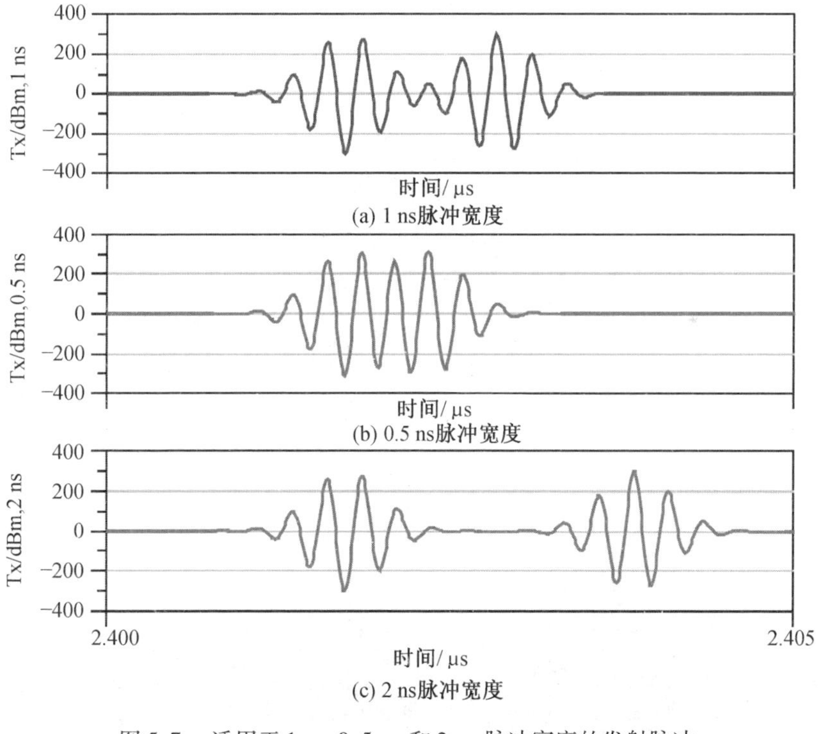

图 5.7　适用于 1 ns、0.5 ns 和 2 ns 脉冲宽度的发射脉冲

2. 上升时间对 UWB 发射频谱的影响

图 5.8 中给出了 IR－UWB 脉冲串上升时间分别为 100 ps 和 250 ps 的发射频谱。为在信号之间进行比较，在所有的脉冲流中，脉冲宽度均为 0.5 ns，PRF 均为 10 MHz。通过比较如图 5.8 所示 IR－UWB 脉冲串上升时间

分别为 100 ps 和 250 ps 的发射频谱可以得出,发射频谱范围内的空值位置取决于 IR－UWB 脉冲的上升时间。实际上,可以看出 UWB 信号发射频谱中零点的出现取决于上升时间和脉冲宽度两个因素,而单一 sinc 分量的频谱带宽只取决于脉冲宽度。在中心频率处出现零点会造成时域振幅下降,从而减弱如图 5.9 所示 IR－UWB 脉冲串上升时间分别为 100 ps 和 250 ps 的发射脉冲的传输信号的能量。针对发射频谱的峰值情况,建议按照既定考虑的频段中心频率进行调整,从而获得最大的信号振幅。为在既定的中心频率条件下获得频谱峰值,应当满足的条件为

$$f_c \cdot (t_r + t_w) = 0.5\gamma \tag{5.5}$$

式中　f_c—— 中心频率;

γ—— 奇整数。

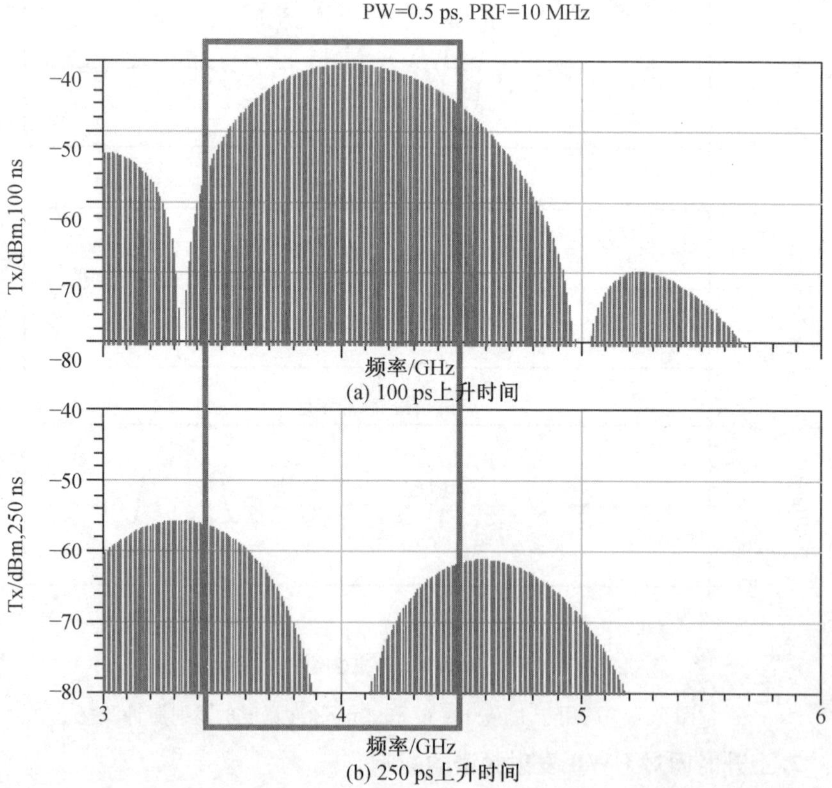

图 5.8　IR－UWB 脉冲串上升时间分别为 100 ps 和 250 ps 的发射频谱

在上变频 IR－UWB 发射机中,如本节中所讨论的发射机,UWB 脉冲谱(如低频率部分)的基带部分可以通过滤波器进行选择,然后会通过采用混频

器可以上变频为研究需要的频率范围。

例如，本节讨论的 UWB RF 部分可以从基带脉冲谱中滤掉 0 ~ 1.4 GHz 频段范围内的低频部分，并且通过采用混频器按照 4 GHz 对其进行上变频。因此，只要属于频谱基带部分的第一个 sinc 分量的带宽大得足以涵盖基带带宽所考虑频段（在这一设计中为 0 ~ 1.4 GHz），即可避免在所考虑的频段中出现零点。换句话说，只有脉冲宽度才会在上变频发射机的发射频谱进行特征化分析时发挥重大的作用。尽管通过控制缓冲放大器的电源电压可以控制脉冲宽度，但是矩形脉冲的上升时间取决于相关组件的电气特性，例如：矩形波发生器和异或门，难以控制。因此，通过采用本章中建议的上变频技术，就不再需要为了生成在所考虑频段中不含零点的 UWB 脉冲流而去控制脉冲上升时间。出于后一种目的，本章中所建议采用的上变频技术只取决于轻松可控的脉冲宽度。

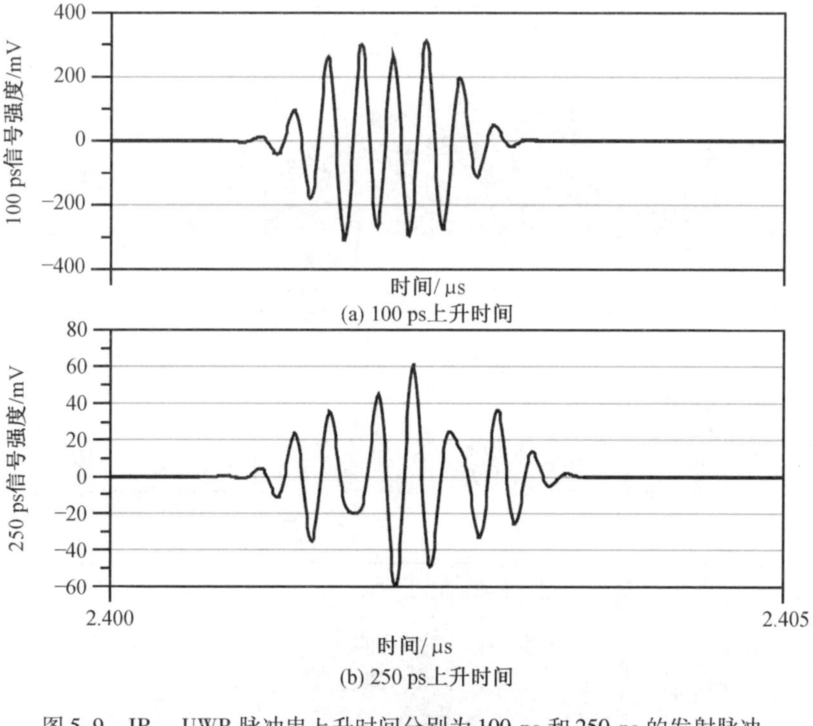

图 5.9　IR - UWB 脉冲串上升时间分别为 100 ps 和 250 ps 的发射脉冲

3. 针对 UWB 发射频谱进行的 PRF 优化

适用于 PRF 的发射频谱如图 5.10 所示，PRF 会影响频谱线的数量，而且它们的振幅处于特定的带宽范围内。较高的 PRF 系统往往会形成数量较少且振幅较大的谱线，而较低的 PRF 则会造成振幅较小、相互更加接近的谱线。其结果是，高 PRF 系统的峰值发射功率会相对地比低 PRF 系统高。这些谱线可以通过 IR－UWB 信号的 PSD 进行特性化分析，该信号的频谱包括一个连续谱和一个离散谱[9]。连续谱由 IR－UWB 脉冲流的脉冲宽度和上升时间决定，而离散谱则与 PRF 相对应。根据 FCC 的规定[9]，在选定的 1 MHz 分辨带宽情况下，线谱的幅值趋向于 10log（PRF/1 MHz），高于连续谱的幅度。这些谱线展现出彼此间 $1/T$(Hz) 的间隔隔，此时 $1/T$ = PRF。这些谱线可以形成超出 FCC 频谱遮罩的过冲，即使在 1 MHz 的带宽范围内进行平均，它们也会形成较高的平均功率，而这一点将会违反 FCC 的规定。对于需要高 PRF 的应用来说，采用能够使已传输信号等概率的调制方案可以减少这些谱线[9]。类似地，采用占空的 IR－UWB 数据传输将会减少高 PRF IR－UWB 系统的频谱过冲。

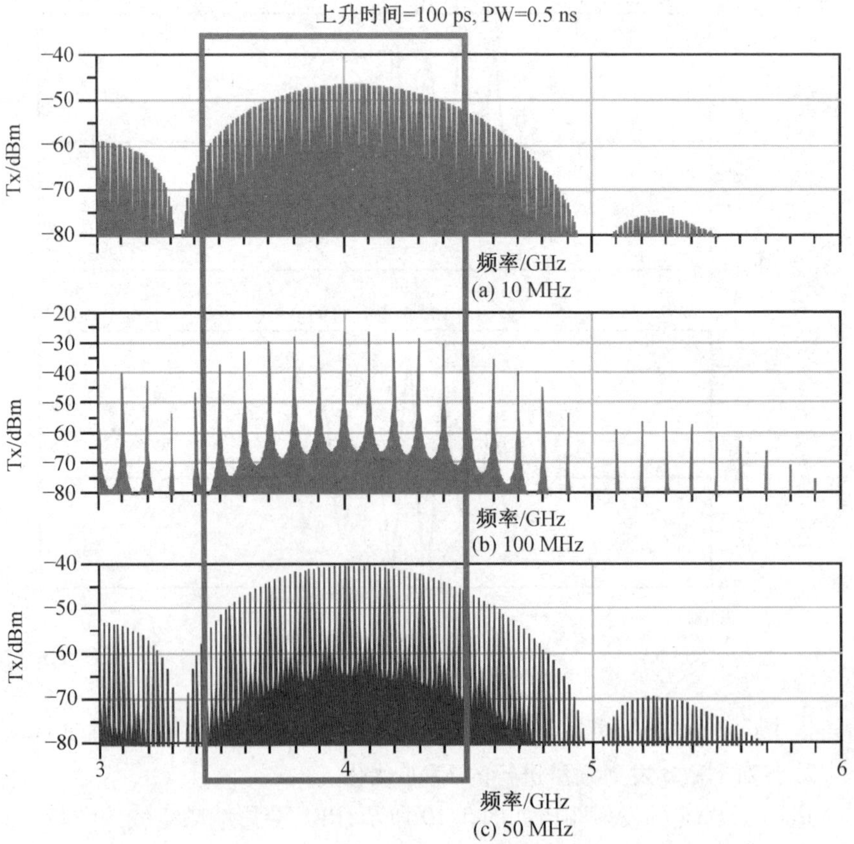

图 5.10　适用于 PRF 的发射频谱

IR－UWB脉冲的振幅无法决定谱形或者零点的位置，但它可以决定发射频谱的峰值振幅。为在FCC频谱遮罩的范围内包含发射频谱，可以改变IR－UWB脉冲的振幅。

5.2.3　脉冲发生器的实现

可以将可重构的矩形波振荡器作为脉冲发生器电路的来源。出于这一目的，选用凌力尔特公司的LTC6905可编程振荡器主要是因为其上升和下降时间很短[10]。这是一种由电阻器设置的振荡器，根据下列方程式，通过单个电阻改变振荡器校准输入的外部电阻值（R_{set}），可以改变振荡频率（f_{osc}）[10]，即

$$f_{osc}=\left(\frac{168.5(\mathrm{MHz})\times 10(\mathrm{k\Omega})}{R_{set}}+1.5\ (\mathrm{MHz})\right)\times\frac{1}{N} \tag{5.6}$$

其中

$$N=\begin{cases}1, & \mathrm{DIV\ pin}=V^{+}\\ 2, & \mathrm{DIV\ pin}=\mathrm{OPEN}\\ 4, & \mathrm{DIV\ pin}=\mathrm{GND}\end{cases}$$

如果尝试在不进行人工干预的情况下改变这一振荡频率，则需要采用模拟设备[11]中的AD5286可编程电阻器来设置。

振荡器校准输入的电阻值，可以通过与微型控制器进行内置集成电路（I^2C）通信改变这一可编程电阻器的电阻，从而在不干预相关电路系统的情况下重新配置PRF。IR－UWB脉冲发生器的主要组件见表5.1。可重构矩形发生器的布局如图5.11所示，图中给出了适用于这一配置的电路图。

表5.1　IR－UWB脉冲发生器的主要组件

功能块	组　件	制造商
矩形波振荡器	LTC6905	凌力尔特公司[10]
可编程电阻器	AD5286	美国模拟器件公司[11]
缓冲器	NC7WZ126	仙童半导体公司[12]
异或门	NC7SZ86	仙童半导体公司[12]

考虑到它们的渡越时间很快而且具有小形状因子，因此在电路组件上选用了缓冲器和异或门。从设计上来说，考虑到每一路径的信号传播都会引入延迟，因此需要使矩形波振荡器与缓冲器之间、缓冲器与异或门之间的两条传输线的延迟完全相等。

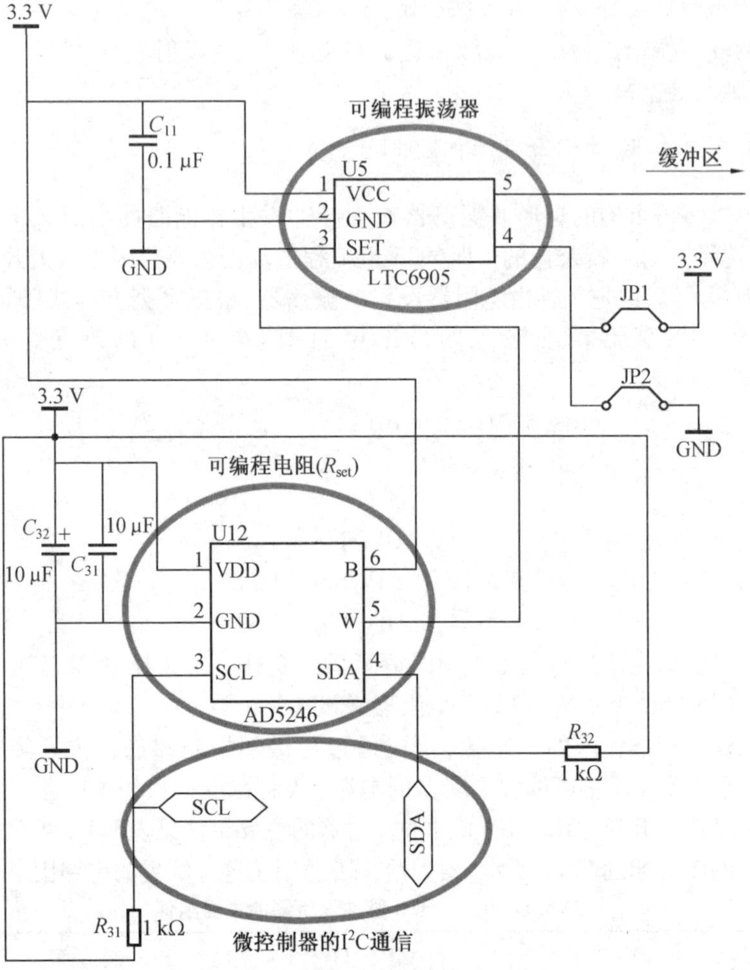

图 5.11　可重构矩形波发生器的布局

必须确保每一个信号传播路径中的延迟都只会受到缓冲器所引入并且受电压控制之延迟的影响。采用下式[13]可以计算出传输线的传播延迟，即

$$t_{\mathrm{p}} = \frac{B_{\mathrm{r}}\sqrt{\varepsilon_{\mathrm{r}}}}{300}\left(\frac{\mathrm{ns}}{\mathrm{mm}}\right) \tag{5.7}$$

$$B_{\mathrm{r}} = 0.856\,6 + 0.029\,4\ln w + 0.002\,39h + 0.010\,1\varepsilon_{\mathrm{r}}$$

式中　ε_{r}——PCB 基板的介电常数；

w——以 mil 为单位的传输线宽度；

h——以 mil 为单位、从最近接地层到传输线的高度。

脉冲发生器PCB的实现如图5.12所示,图中给出了传感器节点上所实现的脉冲发生器。

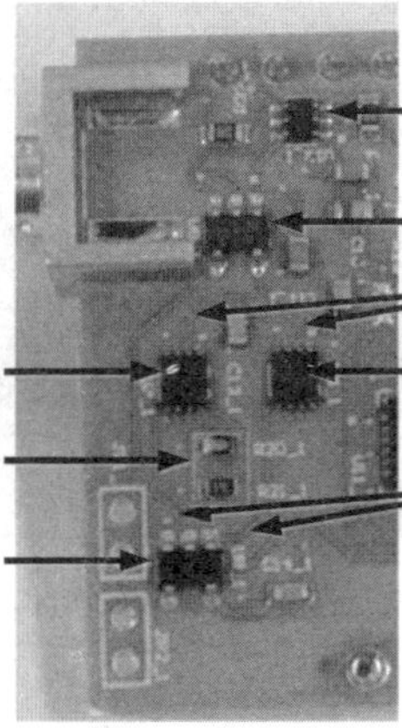

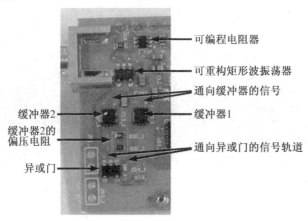

图5.12　脉冲发生器PCB的实现

可以采用上变频方法产生IR－UWB脉冲流,下式[14]给出了信号带宽、脉冲宽度和中心频率之间的关系,即

$$B \cdot t_w = 2(1-\beta)\alpha \tag{5.8}$$

式中　B—— 信号带宽;

t_w—— 脉冲宽度;

α、β—— 通过下式给出的无量纲标量值,即

$$\beta = 1 - \frac{B}{2f_c} \tag{5.9}$$

$$\frac{\mathrm{sinc}[\pi(1+\beta)\alpha] - \mathrm{sinc}[\pi(1+\beta)\alpha]}{\mathrm{sinc}(2\pi \cdot \alpha) - 1} = 0.316\,2 \tag{5.10}$$

这些方程式可以确定在已知某一特定的中心频率和需要涵盖的某一信号带宽时,脉冲发生器应当产生的最大脉冲宽度。通过计算这些方程式,可以估计得出:2 ns的脉冲宽度将会涵盖3.5 ～ 4.5 GHz传输频率范围,中心频率为4 GHz的发射频谱。通过将两个缓冲器的电源电压选定为3.3 V和3 V,可以在图5.12 中的脉冲发生器中达到2 ns 的脉冲宽度。异或门的电源电压可以确定IR－UWB脉冲流的峰值振幅。IR－UWB脉冲发生器产生的基带脉冲流如图5.13 所示,图中给出了40 MHz PRF 的条件下脉冲发生器所产生的基带脉冲流。

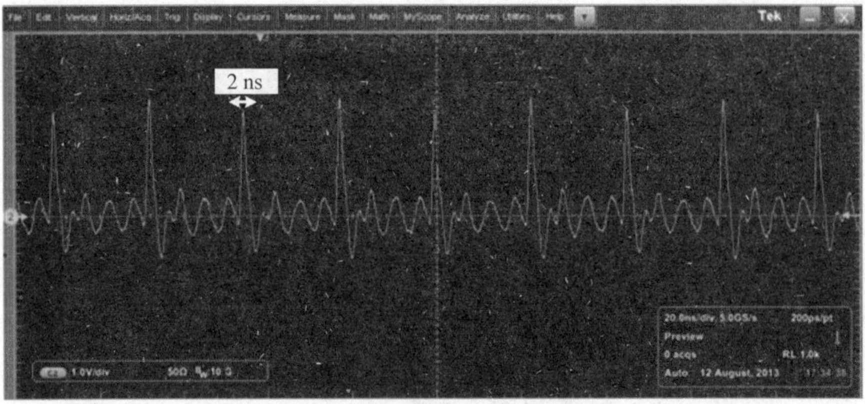

图 5.13　IR - UWB 脉冲发生器产生的基带脉冲流(见彩图)

5.2.4　IR - UWB RF 部分

IR - UWB RF 部分负责将基带 IR - UWB 脉冲流上变频为 3.5 ~ 4.5 GHz 的频率范围。IR - UWB RF 部分的框图如图 5.14 所示。

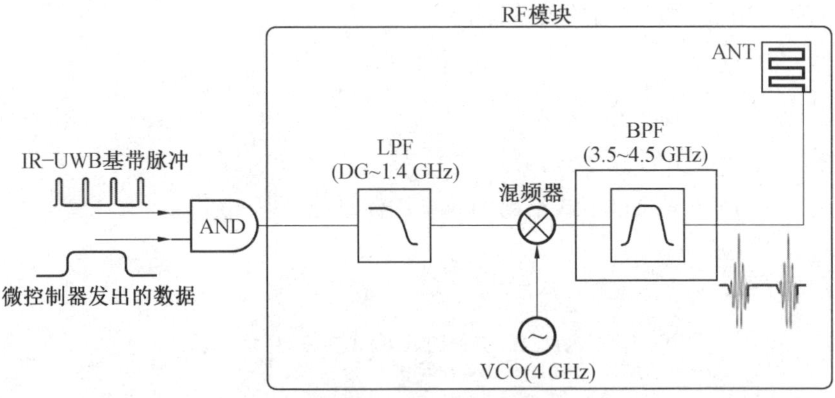

图 5.14　IR - UWB RF 部分的框图

在进入电路的 RF 部分之前,通过采用与门的 IR - UWB 脉冲流可以对微型控制器所产生的数据进行调制。

UWB 脉冲发生器所产生的基带脉冲流的功率谱在整个 UWB 带宽中有若干频率波瓣(sinc 分量),这些频率波瓣的振幅会朝着 UWB 频谱的上部缩小,如图 5.15(a) 所示。为滤掉 UWB 脉冲谱中 0 ~ 1.4 GHz 这一部分,UWB RF 部分会采用低通滤波器(LPF)。频谱的这一部分与其他部分相比具有最大的功率。通过使用混频器和一个在 4 GHz 条件下运行的压控振荡器(VCO) 可以搬移经过滤波处理的频谱。

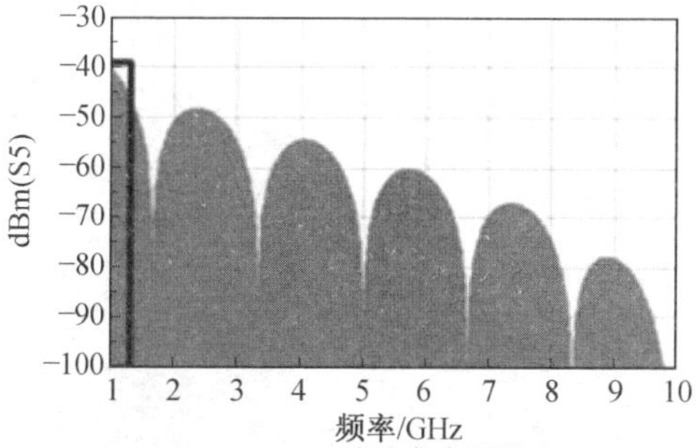

(a) UWB脉冲发生器输出

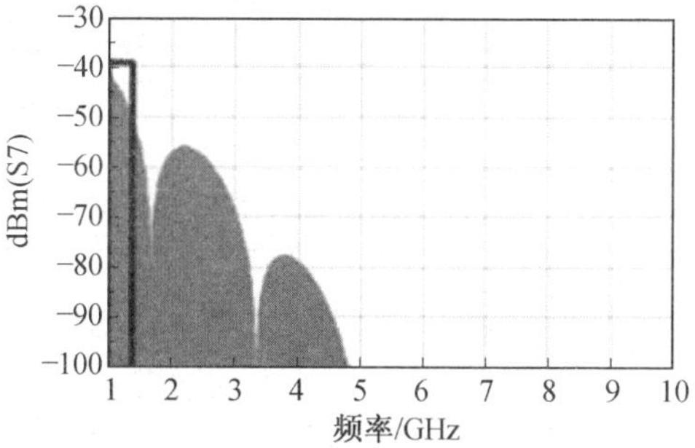

(b) 1.4 GHz LPF输出

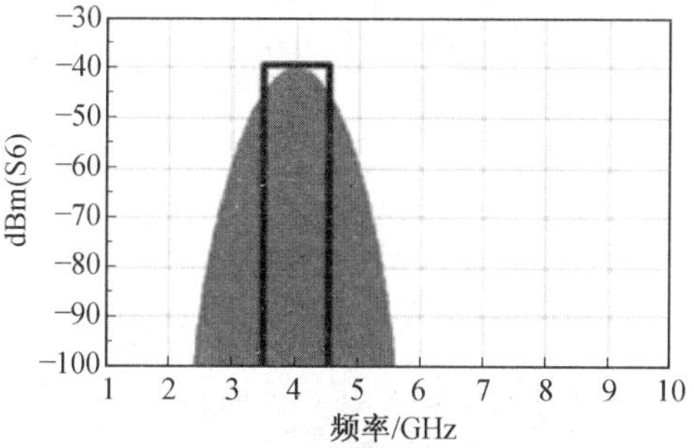

(c) 混频器输出

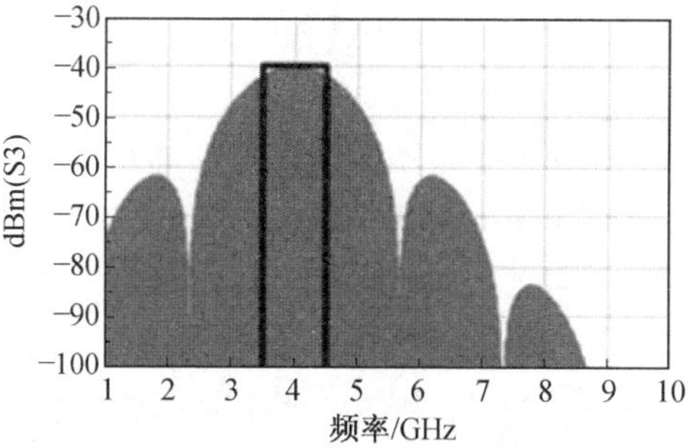

(d) 3.5~4.5 GHz BPF输出

图5.15　基于VCO的无线传感器节点频谱分析

为在 3.5 ~ 4.5 GHz 的频段范围内包含 UWB 信号，需要在混频器的输出端使用带通滤波器。

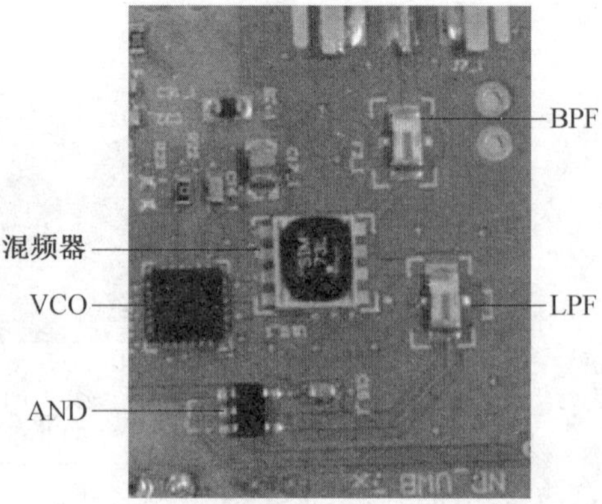

图 5.16　IR – UWB RF 部分的硬件实现

IR – UWB RF 部分的硬件实现如图 5.16 所示。具有 50 Ω 阻抗匹配的共面波导传输线可以用于电路的所有 RF 轨道。IR – UWB RF 部分设计中所采用的主要组件见表 5.2。

表 5.2　IR – UWB RF 部分设计中所采用的主要组件

功能块	组件	制造商
混频器	SIM – 73L +	Mini circuits[15]
BPF(带通滤波器)	BFCN – 4440 +	Mini circuits[15]
LPF(低通滤波器)	LFCN – 1400 +	Mini circuits[15]
VCO(电压控制震荡器)	HMC391LP4	讯泰微波有限公司[16]
与门	NC7SZ08M5	仙童半导体公司[12]

VCO 被调节为在 4 GHz 条件下运行，这个频率就是 UWB RF 传输的中心频率。它可以在 7 dBm 的峰值输出功率时运行，同时消耗 30 mA 的峰值电流。然而，为减少这一设计的功率消耗，可以对其进行偏置，从而使其在达到三分之一输出功率的条件下运行。在这些条件下，混频器可以在变换损耗达到 6.2 dBm 时运行。

从直接转换 UWB 脉冲发生技术的功率消耗的角度来说，这一脉冲发生方法具有独特的优势，此时 3.5 ~ 4.5 GHz 频段范围内的低振幅频率波瓣会被直接滤掉并且被放大，从而在更加接近 FCC 频谱遮罩的频谱振幅下进行发射。可以看出，上变频 UWB 发射机可以在不使用放大器的条件下生成接近 FCC 频谱遮罩频谱振幅的脉冲流，因此这种方法可以为 IR – UWB 传输提供一种具有能量效率的解决方案。40 MHz PRF 条件下 IR – UWB 发射机所发出的时域 IR – UWB 脉冲如图 5.17 所示，其发射频谱如图 5.18 所示。

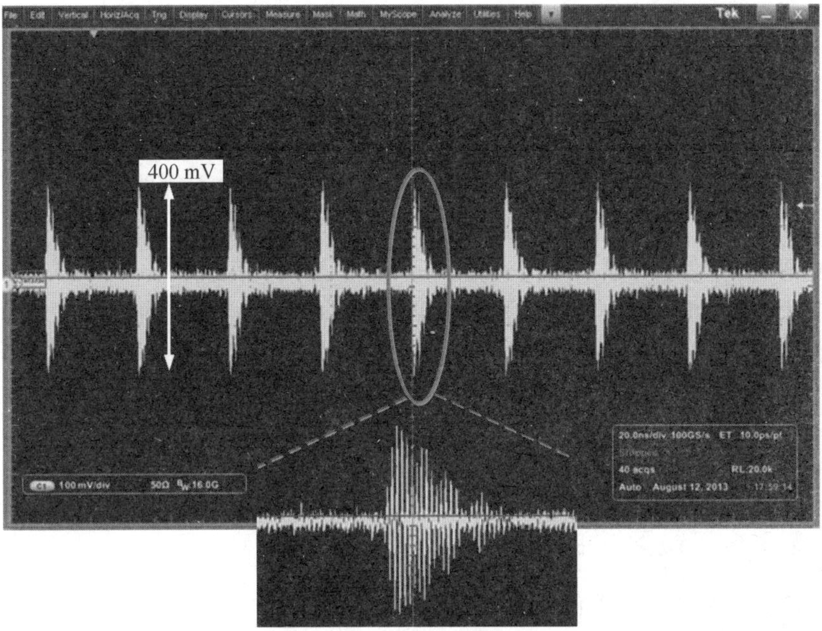

图5.17　40 MHz PRF 条件下 IR - UWB 发射机所发出的时域 IR - UWB 脉冲(见彩图)

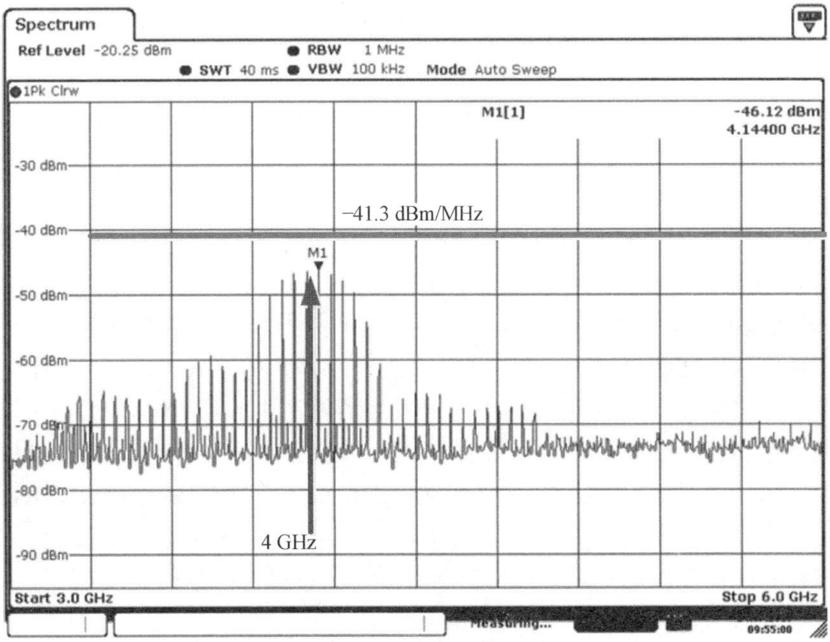

图5.18　40 MHz PRF 时的发射频谱(见彩图)

5.2.5 433 MHz ISM 频段接收机

传感器节点的这一接收机是一个在433 MHz ISM频段里工作的窄带接收机。RFM推出的RX5500 ISM频段放大器顺序混合接收芯片[17]是一种集成的窄带接收芯片,选用它是因为其工作功率低、电磁抗干扰能力强而且尺寸小。它有开关键控(OOK)和振幅键控(ASK)两种调制方法,即使在连续运行的情况下,它也可以以小电流方式运行,功率消耗仅为5 mW,引入的功率开销比在传感器节点末端采用IR-UWB接收机时低得多。通过这种方法,网络的协调器节点可以向传感器节点发送控制指令,从而允许若干传感器节点在协调网络中工作。为匹配电路中天线侧和接收机侧之间的阻抗,可以使用由感应器和电容器制成的阻抗匹配电路。窄带接收机会将已接收到的ISM频段RF信号转换为微型控制器可以读取的基带比特流。

5.2.6 微型控制器

微型控制器发挥着传感器节点中央控制模块的作用,同时它还负责运行传感器节点位置处的MAC协议。在这一传感器设计中会使用PIC18F14K22微型控制器,因为其功率消耗低而且只需要极少量的外部组件就可以工作[18]。微型控制器能够控制为传感器节点的基带和RF部分提供的功率大小,因此它可以在断断续续的数据传输过程中关闭RF和基带部分,从而减少传感器节点的功率消耗。微型控制器同时还发挥着模拟和数字式数据输入的中介者的作用,它采用十位ADC进行模拟数字转换,确定传输格式和调制方案,并且设置数据传输速度。

传感器节点的ADC可以在20 kHz的采样速度下工作,这一速度足以满足ECG等生理学信号。ADC可以在休眠模式下运行,此时不会消耗太多的功率,因此数据传输周期之间可以进行传感器的数据采集。微型控制器会运行一个最大频率达到60 MHz的内部时钟,IR-UWB脉冲频率独立于数据传输速度而且由脉冲发生器进行安排,脉冲发生器所产生的UWB脉冲会与采用与门微型控制器所形成的二进制数据位进行倍乘。本设计中所采用的微型控制器使用其数字输出接脚时,数据传输速度最快为5 Mbit/s。因此,传感器节点可以产生的最大数据传输速度被限制在5 Mbit/s。应当注意的是,选用功率消耗略大但是性能更好的微型控制器可以获得更快的数据传输速度。第6章将讨论微型控制器中MAC协议的实现。

5.2.7　模拟前端

传感器节点的模拟前端设计用于放大低压生理学信号,如 ECG 等。ECG 信号会生成峰值振幅将近 500 μV 而且频率为 100 Hz 的波形。在前端的第一级中,采用 INA321 测量放大器可以将前端、低压、模拟输入信号放大 14 dB[19]。前端的第二级发挥着有源 LPF 的作用,此时截止频率为 100 Hz 而且增益量为 46 dB,采用 LTC6081 精密双输出放大器可以实现这一点[10]。针对模拟前端选用这些组件主要是因为它们具有很高的共模抑制比。传感器节点的模拟前端如图 5.19 所示。

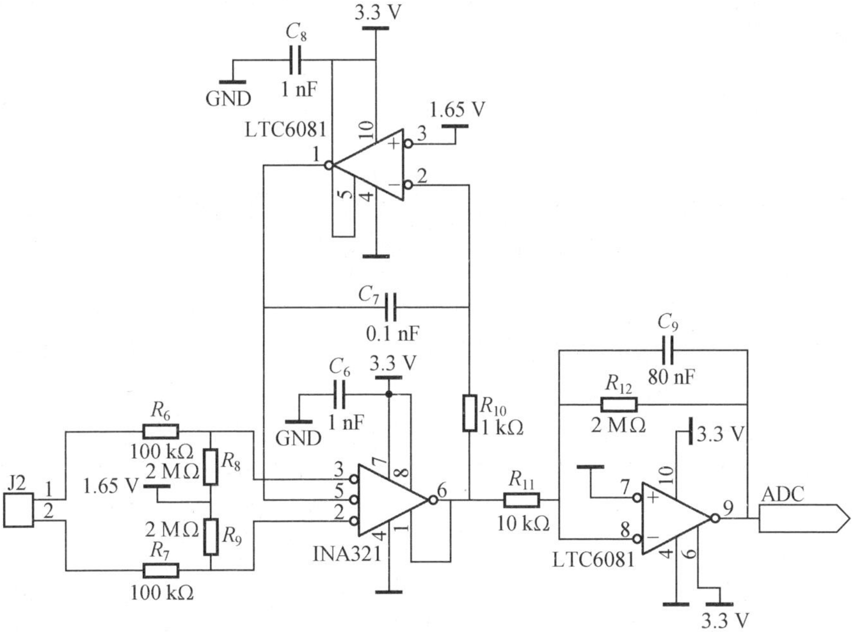

图 5.19　传感器节点的模拟前端

5.2.8　电源供应管理

LP5996 双线性调节器[19]可以调节传感器节点的功率。电路的 RF 部分采用3 V稳压电源线供电,而电路的其他部分则采用3.3 V的电源供电。电路每一个单独部分的功率可以由微型控制器进行单独控制,这样就可以对传感器节点进行功率高效的操作。传感器节点所有的电源引脚都通过导孔连接到 PCB 的电源平面。

5.2.9 传感器节点集成与设计考虑事项

为保持传感器的紧凑性并且尽量减少由于窄带和UWB RF部分同步操作而出现的电磁干扰,需要在一个四层 PCB 上实现传感器节点。由于其在所考虑的频率条件下介电损失很小而且对串话和噪声具有抗干扰性,因此将罗杰斯公司推出的 RO4350 选为 PCB 的芯板材料。

干扰抑制是双频段传感器节点设计的主要问题。这一设计为尽量减少窄带和电路 UWB 部分之间可能出现的干扰而采用了两种技术。

第一个技术是设计出了采用四层 PCB 设计的分区电路结构(图 5.20)。RF 信号层之间的电源层和接地层可以提高对串话的抗干扰性,同时可以将电路的噪声性能提高到 15 dB[20]。

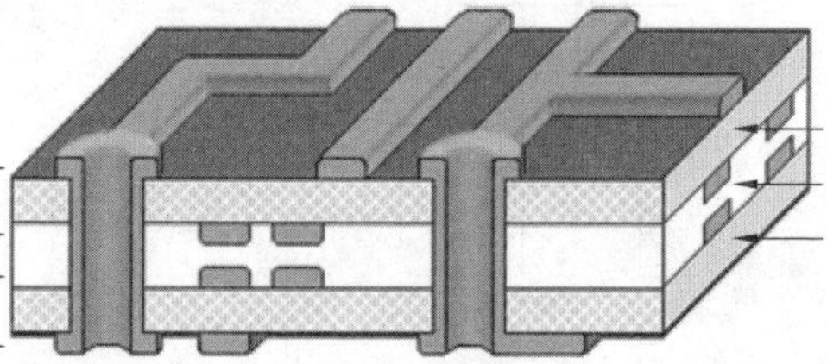

图 5.20 传感器节点 PCB 的层叠

第二个技术是针对UWB和窄带部分使用单独的接地层,从而尽量减少这两个 RF 部分之间的干扰。为防止传感器节点这两个 RF 部分之间发生高频率噪声交换的铁氧体磁珠,可以在单节点中将这些接地层连接起来。采用分流电容器可以分离所有组件的电源。为防止有可能从 UWB 发射机泄漏到电源层的高频噪声,需要添加一个铁氧体磁珠与窄带接收机的电源相串联。为防止出现降低信号质量的电源回路,VCO 和混频器等所有 RF 组件周围都会使用大量接地孔眼。为提高抗电磁干扰(EMI) 能力[21],可以针对 RF 和数据信号的多层路由选择采用堆叠的微型孔眼。

所有的 RF 信号都会采用阻抗匹配为 50 Ω 的接地共面波导 (CPWG)。由于 CPWG 损耗角正切较小而且为了匹配相关的组件和尺寸可以缩窄 RF 信号线,因此与微带线相比,CPWG 更适用于对 RF 传输线进行路由选择。通过下式[22] 可以获得 RF 轨道的阻抗,即

$$Z_0 = \frac{60\pi}{\varepsilon_{\text{eff}}} \frac{1}{\dfrac{K(k)}{K(k')} + \dfrac{K(k_1)}{K(k_1')}} \ (\Omega) \tag{5.11}$$

其中

$$k = \frac{W}{W + 2G}, k' = \sqrt{1 - k^2}$$

$$k_1 = \frac{\tanh\left(\frac{\pi W}{4h}\right)}{\tanh\left(\frac{\pi(W+2G)}{4h}\right)}, k_1' = \sqrt{1-k_1^2}$$

$$\varepsilon_{\mathrm{eff}} = \frac{1+\varepsilon_r \frac{K(k')K(k_1)}{K(k)K(k_1')}}{1+\frac{K(k')K(k_1)}{K(k)K(k_1')}}, K(k) = \int_0^1 \frac{\mathrm{d}t}{\sqrt{(1-t^2)(1-k^2t^2)}}$$

式中 Z_0——CPWG 的阻抗；

ε_r——PCB 相对电容率；

W、G、h—— 如图 5.21 所示的 CPWG 参数。

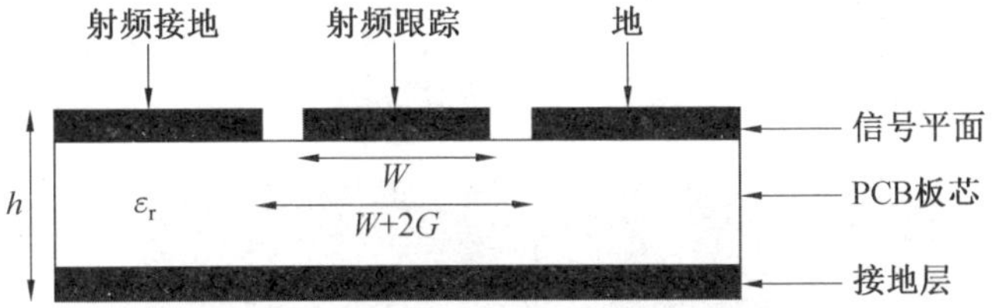

图 5.21 CPWG 参数

传感器节点的组成如图 5.22 所示。传感器节点在各种位置所获得的时域信号如图 5.23 所示。针对图 5.23 中的信号，UWB PRF 需要选用 100 MHz。

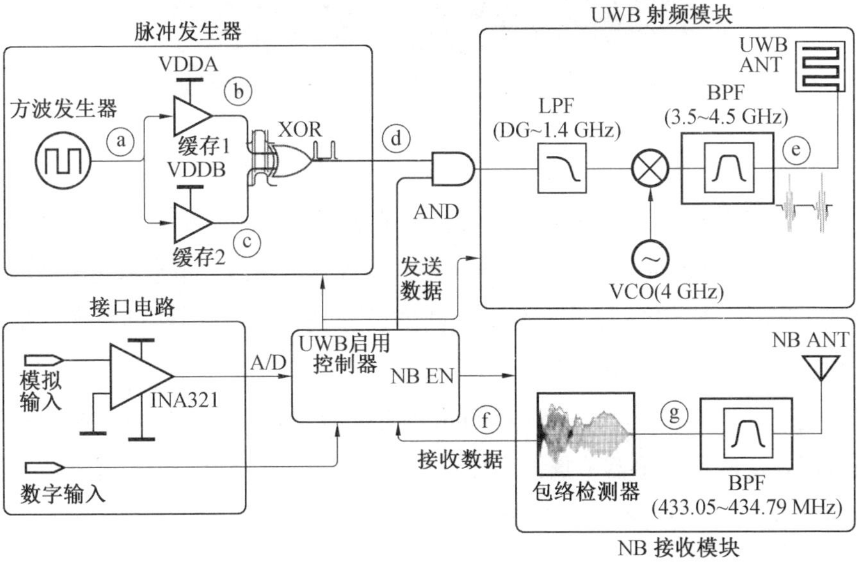

图 5.22 传感器节点的组成

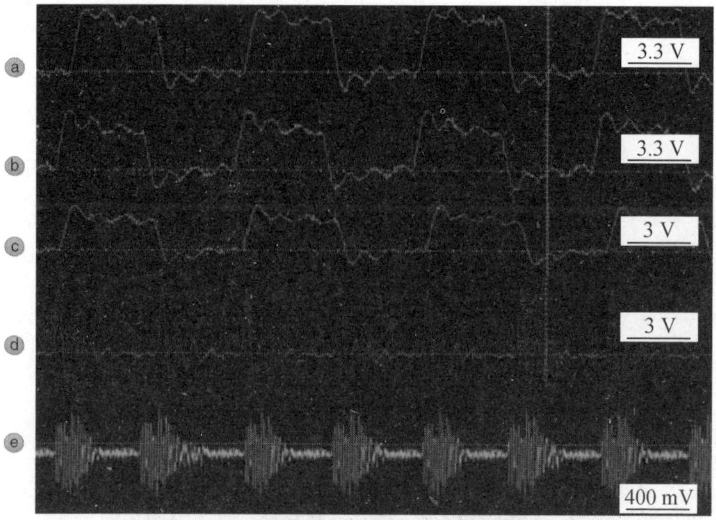

(a) 在不同UWB发射机站点采集的波形

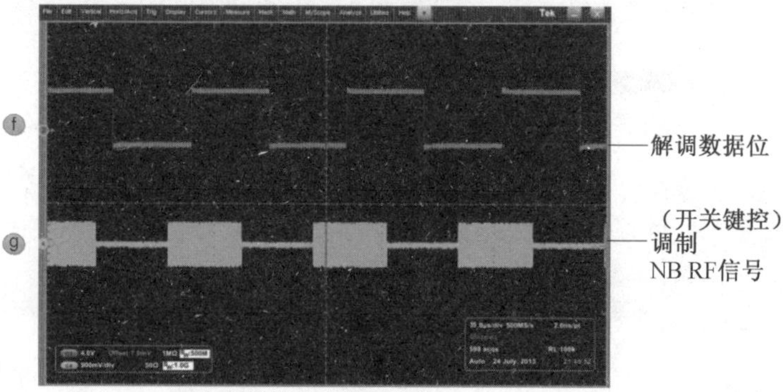

(b) 窄带接收处的数据接收

图 5.23　传感器节点在各种位置所获得的时域信号

可以实现两个版本的双频段传感器节点，第一个传感器节点的尺寸为 30 mm（长）×25 mm（宽）× 0.7 mm（高），因此这一传感器节点适用于各种可穿戴应用；第二个传感器节点则采用圆形设计，它可以作为在堆叠配置中可以相互连接的两个 PCB 组合来实现。

这一设计的直径可以达到 15 mm，因此它可以适用于各种可穿戴和可植入应用。这两种传感器节点设计如图 5.24 所示。针对第一个传感器节点说明的 PCB 设计的不同区域如图 5.25 所示。

(a) 第一种传感器设计（可穿戴传感器节点）

(b) 第二种传感器设计－1号板

(c) 第二种传感器设计－2号板（可植入传感器节点）

图 5.24　传感器节点设计

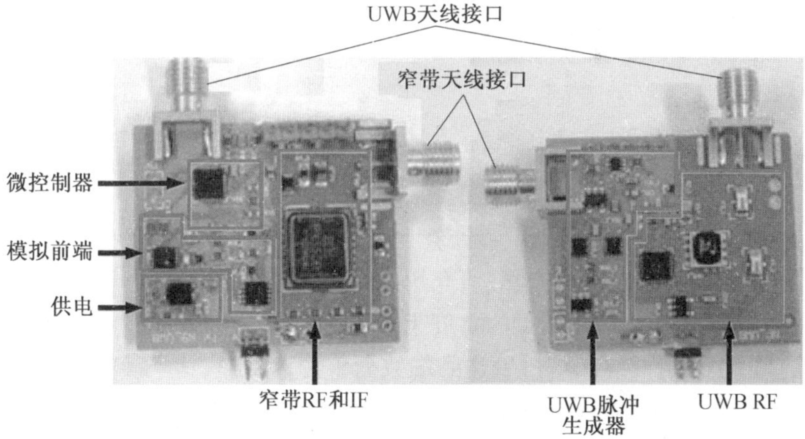

图 5.25　PCB 设计的不同区域

5.2.10　比较

表5.3会比较一部分现有并采用建议传感器节点设计的WBAN平台的技术规范。以窄带平台为基础的无线传感器节点可以广泛地运用于各种WBAN应用。相关参考文献中提供的大部分基于UWB的设计都被限制为在

以实现发射机/接收机为基础的集成电路(IC)上或者并不用于 WBAN 应用。因此,表 5.3 中的比较仅限于完全实现的传感器节点设计,包括无线发射机/接收机、微型控制器和数据采集电子设备。

表 5.3　WBAN 传感器节点的比较

模型	公司	频率	数据传输速率	发射功率/dBm	实体尺寸(长×宽×高)/mm((直径×高)/mm)	功率/电流消耗	
						接收	发射
Mica2 (MPR400)	Crossbow[23]	868/916 MHz	38.4 kbit/s	-24 ~ +5	58×32×0.7	10 mA/3.3 V	27 mA/3.3 V
MicAz	Crossbow[23]	2 400 ~ 2 483 MHz	250 kbit/s	-24 ~ 0	58×32×0.7	19.7 mA/3.3 V	17.4 mA/3.3 V
Mica2DOT	Crossbow[23]	868/916 MHz 和 433 MHz	38.4 kbit/s	-20 ~ +10	25(直径)×0.6	8 mA/3.3 V	25 mA/3.3 V
Tmote Sky	Mote iv[24]	2.4 GHz (IEEE 802.15.4)	250 kbit/s	-25 ~ 0	66×32.6×0.7	21.8 mA/3 V	19.5 mA/3 V
MICS 节点	莫纳什大学[25]	402 ~ 405 MHz	76 kbit/s	-16	30×75×0.7	8 mA/3.3 V	27 mA/3.3 V
Dual band WBAN node (This design)	莫纳什大学	3.5 ~ 4.5 GHz	Up to 5 Mbit/s	-41.3 dBm/MHz	30×25×0.7 (设计 1) and 15 (直径)×0.7 (设计 2)	3 mA/3.3 V	10 mA/3.3 V

从表 5.3 中可以看出,本节所介绍的双频段 WBAN 传感器节点从数据传输速度、功率消耗和形状因子的角度来说胜于其他的传感器节点。这一设计采用 UWB 的独特优点,如可以达到的数据传输速度快、功率消耗小而且设计简单,同时可以避免由于采用 UWB 接收机而引入的复杂性。因为在传感器节点处采用的是窄带接收机,所以可以获得可靠的通信链路,同时在数据接收的过程中消耗的功率很小。

5.3　协调器节点的实现

协调器节点负责控制与多个传感器节点的通信,同时可以将 BER、延迟和 QoS 保持在可接受的水平,包括下述四个主要的组件块。

(1)IR－UWB接收机前端。

IR－UWB接收机前端会对能够形成基带脉冲流的已接收UWB脉冲进行下变频，这一脉冲流可以通过采样和数据处理设备进行检测。

(2) 窄带发射机。

433 MHz ISM频段发射机可以发射来自于窄带信道上的FPGA控制信息。

(3) 采样与数据处理设备。

采样与数据处理设备包括一个ADC和一个FPGA，它还负责运行协调器节点位置处的MAC协议。

(4) 计算机终端。

计算机终端会与FPGA进行通信并且检索前向(UWB) 信道上所接收到的数据。

协调器节点的基本框图如图5.26所示。

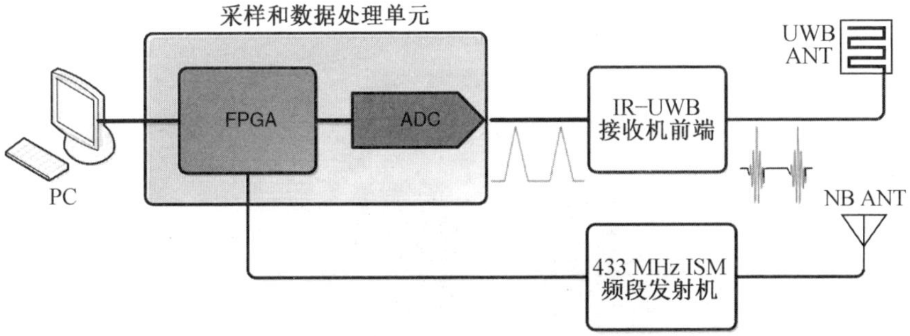

图5.26　协调器节点的基本框图

5.3.1　IR－UWB接收机前端

本书所述的IR－UWB接收机前端可以采用直接变频接收机的结构。采用直接变频结构的主要优点就在于通过使用现成的组件即可轻松实现，与能量检测接收机相比可以在不使用任何定时控制和复位信号的情况下运行而且功率消耗小。

IR－UWB接收机前端电路的框图如图5.27所示。进入接收机天线的UWB信号会通过带宽为3.5～4.5 GHz的BPF，从而消除不需要的带外干扰信号。然后在采用4 GHz条件下工作的混频器和VCO下变频为基带信号之前，需要先通过三个宽带低噪声放大器(LNA) 将已过滤的信号放大48 dB。在通过模拟放大级之前，基带信号会通过截止频率为100 MHz的LPF。这个LPF发挥着局部积分器的作用，使脉冲被拉伸，使得ADC能很容易地检测到它们。

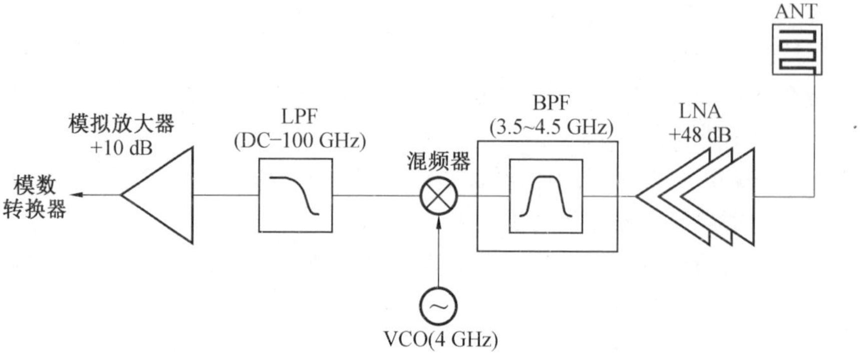

图 5.27　IR - UWB 接收机前端电路的框图

如图 5.28 所示为接收机结构的基础上开发出的两种 UWB RF 前端的实现方法。采用插入式 RF 组件(图 5.28(a))可以完成第一种实现方法,采用现成组件的 PCB(图 5.28(b))可以实现第二代 IR - UWB 前端。适用于 UWB RF 前端设计的组件见表 5.4。

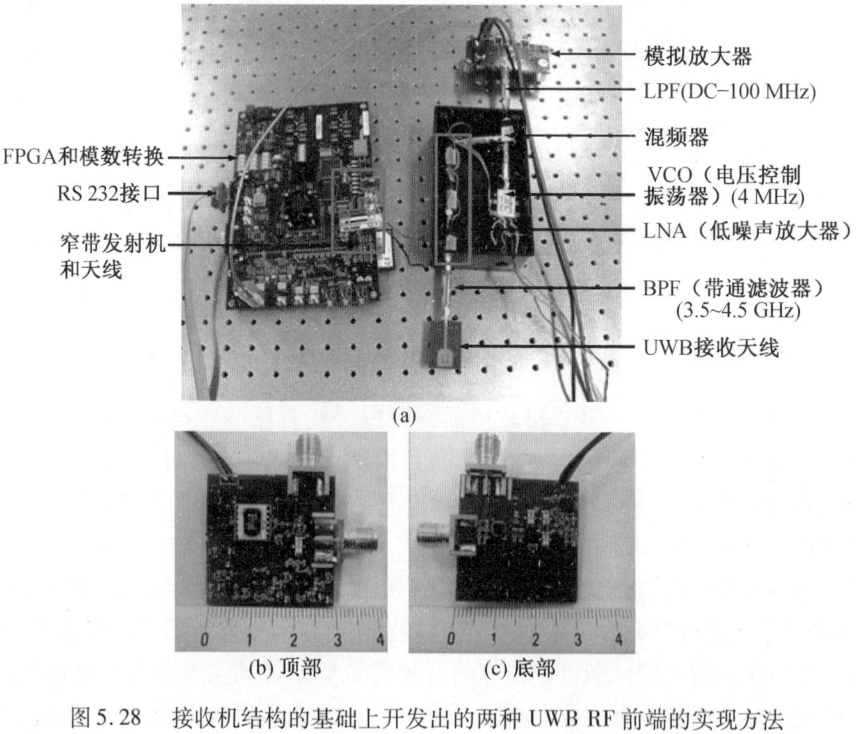

图 5.28　接收机结构的基础上开发出的两种 UWB RF 前端的实现方法

表5.4 适用于UWB RF前端设计的组件

功能块	设计1	设计2
混频器	ZX05 - 63LH - S +[15]	MACA - 63H +[15]
BPF(带通滤波器)	VBFZ - 4000 - S +[15]	BFCN - 4440 +[15]
LPF(低通滤波器)	VLF - 105 +[13]	LFCN - 1400 +[15]
VCO(电压控制震荡器)	ZX95 - 4100 - S +[15]	HMC391LP4[16]
LNA(低噪声放大器)	MGA - 665P8[27]	ZX60 - 5916 M - S +[15]
模拟放大器	THS4508[19]	AD8000[11]

第一种设计中的LNA会引入17.27 dB的增益,而且每一个LNA都具有5.44 dB的噪声指数(NF);第二种设计中的LNA会产生16 dB的增益,而且每个LNA具有1.45 dB的噪声指数。两个模拟放大器都会产生10 dB的增益,第一种设计中模拟放大器所适用的噪声指数为19.2 dB,而在第二种设计中的噪声指数则为16.6 dB。通过弗里斯公式[26]计算得到第一种设计所适用的总噪声指数为3.55 dB,而第二种设计的总噪声指数为1.41 dB。第一种设计中的混频器具有7.22 dB的变换损耗,而第二种设计中则达到7.16 dB。

所有的带通滤波器都具有1 dB的插入损耗,而低通滤波器的插入损耗为0.5 dB。当传输距离为1 m且PRF为100 MHz时适用于两种UWB接收机设计的链路预算分析,见表5.5。

表5.5 适用于两种UWB接收机设计的链路预算分析

参数	数值	
	设计1	设计2
频率	3.5 ~ 4.5 GHz	
吞吐量(R_b)	5 Mbit/s	
信号带宽 (B)	1 GHz	
发射机的实现损失(L_{Tx})	5 dB	
平均发射功率(P_{Tx} = - 41.3 dBm/MHz + 10log (B/1 MHz) - L_{Tx})	- 16.3 dBm	
发射天线增益(G_T)	0 dBi	
1 m时的平均路径损耗 (P_L)[28]	55 dB	
接收天线增益(GR)	0 dBi	

续表 5.5

参　　数	数　　值	
	设计 1	设计 2
平均接收功率($P_{Rx} = P_{Tx} - P_L$)	− 71.3 dBm	
热噪声($N_0 = -174$ dBm/Hz + 10log (B)	− 84 dBm	
噪声指数 (NF)	3.55 dB	1.41 dB
最低信噪比要求(SNR_{min})	12 dB	
接收机实现损失(L_{Rx})	9 dB	
处理增益(G_p = 10 log (B/R_b))	23 dB	
1 m 时的接收灵敏度($P_{R,min} = N_0 + N_F + SNR_{min} + L_{Rx} - G_p$)	− 82.45 dBm	− 84.59 dBm
链路裕度($M = P_R - P_{R,min}$)	11.15 dB	13.29 dB

当发射信号的 PRF 为 100 MHz,发射机 - 接收机间隔距离为 0.7 m 时,经过混频级和接收机(设计 1)LPF 级之后接收信号的时域波形如图 5.29 所示。经过模拟放大器之后,ADC 和 FPGA 的协调器节点可以检测到已收到的 UWB 脉冲。UWB 接收机前端每一级的频谱如图 5.30 所示。

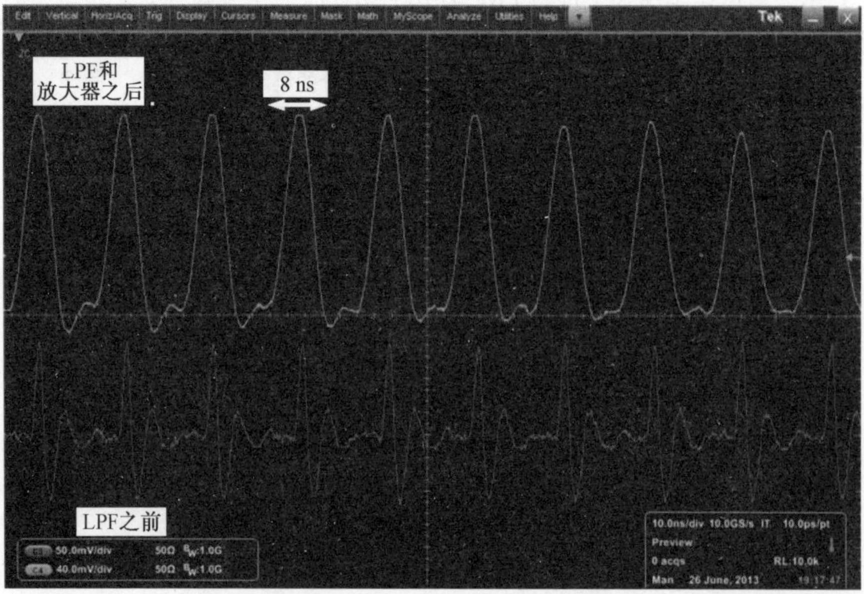

图 5.29　经过混频级和接收机(设计 1)LPF 级之后接收信号的时域波形

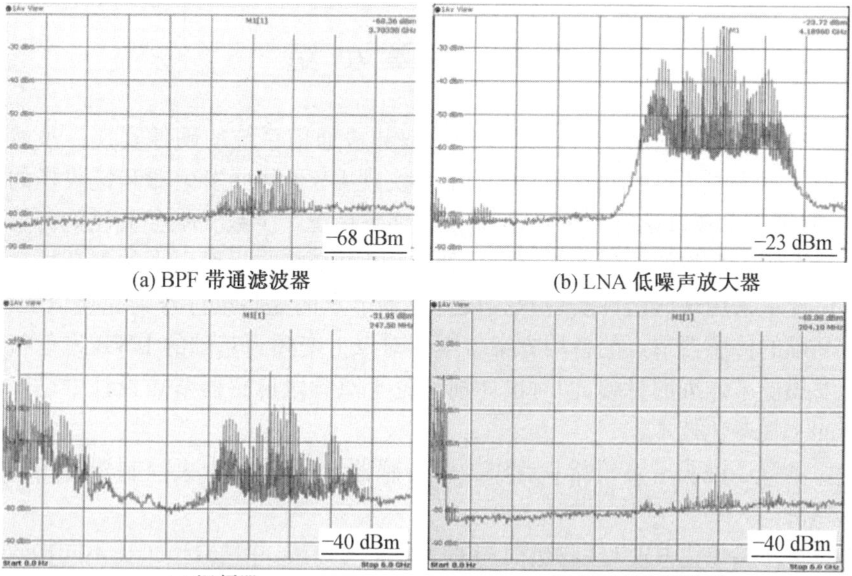

(a) BPF 带通滤波器　(b) LNA 低噪声放大器

(c) 混频器　(d) LPF 低通滤波器

图 5.30　UWB 接收机前端每一级的频谱

5.3.2　窄带发射机

TX5000 是 RFM 公司推出的一种 433 MHz ISM 发射机模块[17]，可以作为协调器节点的窄带发射机使用。这种现成的发射模块在发射数据时有 OOK 和 ASK 两种调制方案。窄带发射模块可以直接接收来自 FPGA 的数据并且在 433 MHz ISM 频段上进行发射，这主要用于将信标信息和控制信息发射到传感器节点上。发射机的数据传输速度会从19.2 kbit/s减少到4 kbit/s，因此它适合传输数据传输速度低的信标和控制信息。

5.3.3　采样与数据处理设备

Altera Stratix Ⅱ FPGA 芯板[29] 用于协调器节点位置处的数据采样和 MAC 协议操作。FPGA 板配有板上 ADC 模块，可以在取样速度达到 100 MHz 而且分辨度为 12 位／样本的条件下运行。采用这种 ADC 模块可以对来自 UWB 前端模拟放大器的加宽 UWB 脉冲进行采样，并且在 FPGA 模块中通过编程输入的比较器与阈电平进行比较以确定是否存在脉冲。第 6 章将给出脉冲检测方法和 MAC 协议实现的详细说明。FPGA 模块可能与用于保存和显示数据的计算机终端进行通信。

5.4 本章小结

本章讨论了适用于 WBAN 应用的双频段通信系统的硬件实现。虽然在相关文献中可以找到许多在 IC 基础上实现 UWB 脉冲发生器和接收机的方法，但是很少会讨论整个 WBAN 系统的实现情况。少数文献会关注如何解决在功率要求严格的传感器节点位置处采用 UWB 接收机而引入的复杂性。本章讨论了采用现成组件实现双频段传感器节点的完整设计作为完全以 UWB 为基础的传感器节点的备用方案。本章对以上变频为基础的 UWB 发射机的开发提供了详细的见解，同时也详细讨论了双频段传感器节点设计中已经用到的干扰避免技术。

本章还说明了协调器节点作为多传感器 WBAN 的中央控制器使用的实现方法。

本章给出了 UWB 接收机前端的两种实现方法，并且给出了在不同接收机的信号测量值。第 6 章会详细介绍传感器节点和协调器节点中 MAC 协议实现方法。

参考文献

[1] M. R. Yuce, J. Khan, Wireless body area networks: technology, implementation and applications. (Pan Stanford Publishing, Singapore, 2011), ISBN 978-981-431-6712

[2] M. R. Yuce, K. M. Thotahewa, J. -M. Redoute, H. C. Keong, Development of low-power UWB body sensors, in IEEE International Symposium on Communications and Information Technologies (ISCIT), pp. 143-148, Oct 2012

[3] M. R. Yuce, H. C. Keong, M. Chae, Wideband communication for implantable and wearable systems. IEEE Trans. Microw. Theory Tech. 57, Part 2, 2597-2604 (2009)

[4] K. M. S. Thotahewa, J. -M. Redoute, M. R. Yuce, Implementation of ultra-wideband (UWB) sensor nodes for WBAN applications, Ultra-Wideband and 60 GHz communications for biomedical applications. (Springer, New York, 2014)

[5] K. M. Thotahewa, J. -M. Redoute, M. R. Yuce, Implementation of a dual band body sensor node, in IEEE MTT-S International Microwave Workshop

Series on RF and Wireless Technologies for Biomedical and Healthcare (IMWS-Bio2013),2013
[6] K. M. Thotahewa, J. -M. Redoute, M. R. Yuce, A low-power, wearable, dual-band wireless body area network system: development and experimental evaluation, submitted
[7] N. R. Mahapatra, A. Tareen, S. V. Garimella, Comparison and analysis of delay elements. IEEE Midwest Circuits Syst. Symp. 2, 473-476 (2002)
[8] M. Cavallaro, T. Copani, G. Palmisano, A Gaussian pulse generator for millimeter-wave applications. IEEE Trans. Circuits Syst. I Regul. Pap. 57, 1212-1220 (2010)
[9] Y. P. Nakache, A. F. Molisch, Spectral shape of UWB signals—influence of modulation format, multiple access scheme and pulse shape, IEEE Veh. Technol. Conf. 4, 2510-2514 (2003)
[10] http://www.linear.com/ 2014
[11] http://www.analog.com 2014
[12] http://www.fairchildsemi.com/ 2014
[13] E. Bogatin, Signal Integrity—Simplified, 1st edn. (Prentice Hall, New Jersey, 2004)
[14] J. Colli-Vignarelli, C. Dehollain, A discrete-components impulse-radio ultrawide-band (IR-UWB) transmitter. IEEE Trans. Microw. Theory Tech. 59, 1141-1146 (2011)
[15] http://www.minicircuits.com 2014
[16] http://www.hittite.com 2014
[17] http://www.rfm.com 2014
[18] http://www.microchip.com 2014
[19] http://www.ti.com 2014
[20] J. Davis, High-Speed Digital System Design, 1st edn. (Morgan and Claypool, California, 2006)
[21] C. Chastang, C. Gautier, M. Brizoux, A. Grivon, V. Tissier, A. Amedeo, F. Costa, Electrical behavior of stacked microvias integration technologies for multi-gigabits applications using 3D simulation, in 15th IEEE Workshop on Signal Propagation on Interconnects, pp. 65-68, 2011
[22] B. C. Wadell (1991) Transmission line design handbook. (Artech House, London, 1991), pp. 79-80

[23] http://www. xbow. com/ 2014
[24] http://www. eecs. harvard. edu/ ~ konrad/projects/shimmer/references/tmote-sky-datasheet. pdf 2014
[25] M. R. Yuce, Implementation of wireless body area networks for healthcare systems. Sens. Actuators A Phys. 162, 116-129 (2010)
[26] B. Razavi, RF Microelectronics(Prentice-Hall, Upper Saddle River, 2006)
[27] http://www. avagotech. com 2014
[28] IEEE P802. 15-02/490r1-SG3a, Channel Modeling Sub-committee Report Final, Feb 2003
[29] http://www. altera. com/ 2014

第6章　一种基于UWB高能效MAC协议的无线人体局域网系统的实现与评估

无线人体局域网(WBAN)应当在功率消耗最小的情况下提供可靠的数据传输。本章介绍了各种WBAN应用下合适的介质访问控制(MAC)协议的系统实现方法,为评估MAC协议的实现性能,采用四个UWB WBAN传感器节点和一个协调器节点实现WBAN;阐述了MAC协议固件实现的详细说明,其中包括以现场可编程门阵列(FPGA)为基础的固件实现的代码实例。针对各种通信方案,会评估网络的性能参数;介绍了实时网络运行过程中UWB WBAN传感器节点的功率消耗测量值,这些功率测量值体现出了硬件设计和MAC协议设计具体的功率效率。

6.1　引　　言

高效MAC协议的设计和实现在减少功率消耗和提高数据传输可靠性方面发挥着重要的作用。在提高系统性能时,利用UWB信号独特的物理性能是非常重要的,如为体现出某一数据位,可能发送大量脉冲等[1-3]。UWB通信链路的性能会受到人体运动效应的很大影响[4,5]。MAC协议适应此类动态信道状态的能力在提供可靠的通信链路方面发挥着重要的作用。

第3章所述的双频段MAC协议可以利用UWB信号的物理层特性,从而形成一种跨层MAC设计。它可以在双频段传感器节点和协调器节点之间提供可靠而且功率高效的多传感器通信[6,7]。本章说明了在基于硬件的系统中对这种双频段MAC协议的实现和评估[7,8]。为使提供的硬件平台满足实现要求,需要对MAC协议进行调整。第3章所述的仿真与本章所讨论的MAC协议的系统实现之间存在的差异如下。

(1) 考虑到开关键控硬件实现的简单性及其类似于BPPM的性能,采用开关键控(OOK)调制来代替二进制脉冲位置调制(BPPM)。

(2) 需要采用一个直接变频接收机,它会采用混频器对已接收到的IR - UWB脉冲进行下变频并且进行低通滤波,从而加宽已下变频的脉冲,而不是采用第3章仿真时以能量检测为基础的接收机结构。这主要是因为采用现有的组件可以轻松的实现直接变频接收机,与能量检测接收机相比可以在不使用任何控制信号的情况下工作,而且功率消耗小。

(3) 可以按照本章介绍的通信方案调整数据包长度和超帧的时隙。

除这些差异外,MAC 协议的实现类似于第3章所述的MAC协议。本章会完整地介绍系统实现,其中包括以 FPGA 为基础的固件实现。会从流程图和超高速集成电路硬件描述语言(VHDL)代码实现实例的角度对 MAC 协议中所采用的重要算法进行说明。同时会从误码率(BER)、初始化延迟和功率消耗的角度评估双频段 MAC 协议进行的实验。

6.2　数据包结构的开发

双频段传感器节点和协调器节点之间的数据通信采用第3章所述的信标使能超帧结构。为实现可靠的通信链路,会在所分配的超帧时隙范围内发送数据和控制数据包。连续性的传感器节点进行数据传输时需要采用的最大超帧时隙为 100 μs,而周期性的传感器节点则需要选用 50 μs 的最大超帧时隙。这些参数可以保证在超帧持续时间为 1 ms 时传感器节点在占空比不到 18.75% 的条件下进行发射,从而使传感器节点可以利用最大的全带宽峰值功率(详见第3章)。在 MAC 协议系统实现中所用到的数据包结构如图 6.1 所示。

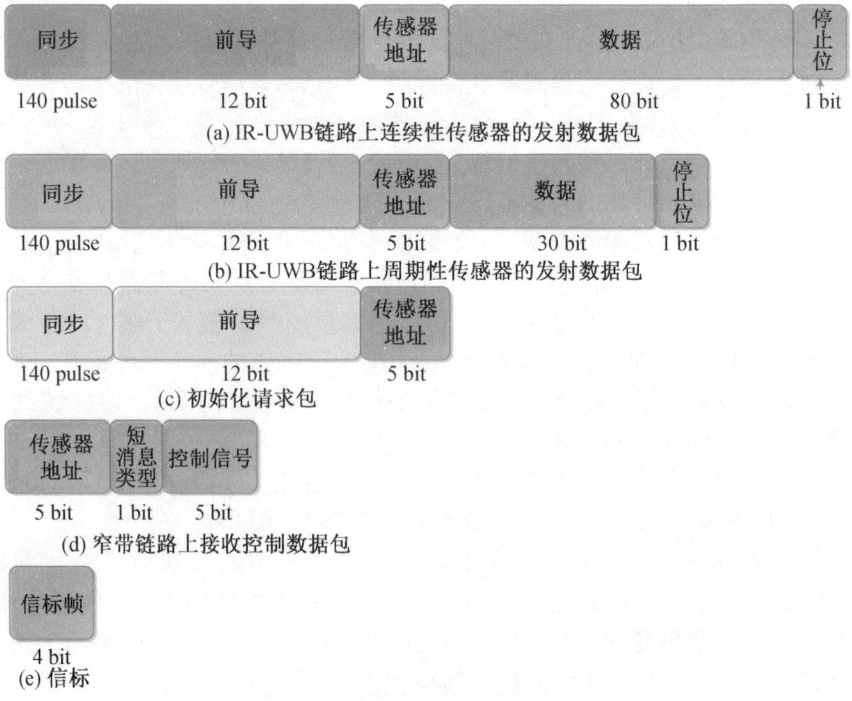

图 6.1　在 MAC 协议系统实现中所用到的数据包结构

考虑到双频段传感器节点的数据生成能力,可以根据第3章所采用的发射数据包结构进行修改。当IR - UWB脉冲发生器在100 MHz的脉冲重复频率(PRF)条件下工作时,双频段传感器节点中所用到的微型控制器能够产生最低20 PPB(脉冲/比特)调制的数据位,这样就可以形成5 Mbit/s的最大瞬间数据传输速度。因此,为进行UWB传输,PPB的最小值为20。考虑到数据传输速度要求的下限,最大允许PPB值为100 PPB。无论数据传输分配多少数量的PPB,在发射数据包进行同步的过程中,所有的传感器节点均会发送140个IR - UWB脉冲,用于模拟数字转换器(AOC)采样的同步,如下一节所述。为进行基于传感器初始化的竞争,在超帧结构的前两个时隙过程中需要使用初始化数据包。窄带信道上的控制数据包主要被用于进行传感器初始化以及在改变信道状态的过程中为每一个传感器节点动态分配PPB值,信标数据包被用于进行超帧的同步化,它们会以19.2 kbit/s的数据传输速度通过窄带信道发送。在许多因素的基础上,可以计算得出数据包结构中所有的位元长度,如应当采用某一特定数据包发射的数据量,在每一个通过UWB信道发射的数据包中需要用到的最大允许PPB值,以及采用每一个数据包进行数据传输时的最大允许占空比。

6.3　传感器节点的跨层MAC协议实现

通过监听窄带信道的信标数据包,传感器节点可以与MAC协议中所用的超帧结构同步。超帧结构包括超帧开始时的两个初始化时隙,所有的传感器节点都事先知晓了这些初始化时隙的位置,这一点可以通过参考信标接收周期末端所测得的时间延迟确定。在传感器初始化时,一个传感器节点会采用图6.1(c)的数据包结构发送一个初始化请求信息并且启动超时操作,从而判断出该传感器节点是否在某一给定的时间范围内从协调器节点得到初始化的响应。初始化请求包中会用到一个事先经过编程的独特传感器地址,然后传感器节点就会等待,直至接收到含有分配给该传感器节点的发送时隙和PPB值的初始化确认数据包为止。如果在没有接收到这一初始化确认数据包的条件下出现超时,则传感器节点就会在下一个超帧的初始化时隙上重新发送一条初始化请求信息。进行初始化尝试的最多次数被限制为10次。经过初始化之后,传感器节点会在先前分配的时隙内发射数据并且监听窄带接收机中任何的BER纠正控制信息。接下来讨论BER纠正程序的实现。传感器节点控制程序的操作流程如图6.2所示,可以说明微型控制器模块中所实现的传感器节点控制程序的总体运行情况。

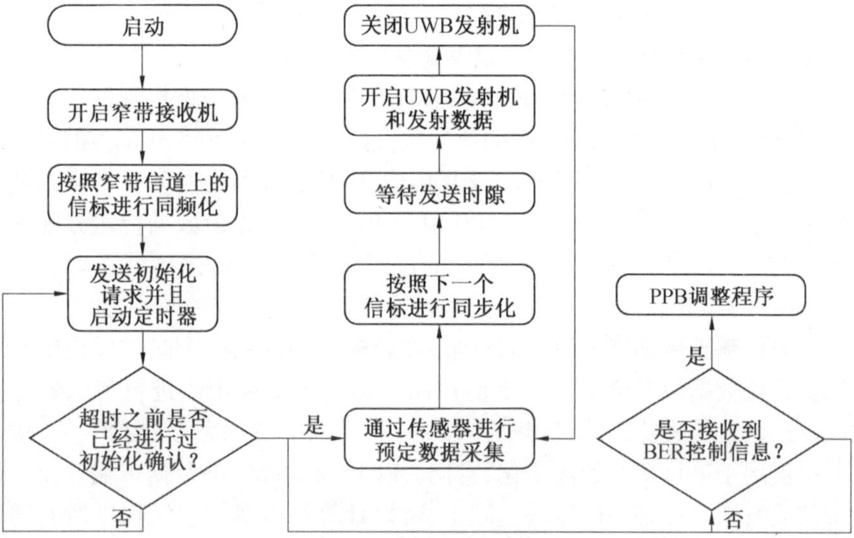

图 6.2　传感器节点控制程序的操作流程

6.4　协调器节点位置处的跨层 MAC 协议实现

协调器节点会负责组织并且控制传感器节点的数据通信。下面列出了协调器节点相关控制程序所执行的主要操作。

(1) IR - UWB 脉冲同步化。

(2) 数据位检测和数据包同步化。

(3) 动态 BER 检测和反馈控制。

6.4.1　适用于 IR - UWB WBAN 通信的脉冲同步化

作为协调器节点的组成部分，ADC 模块和 FPGA（现场可编程门阵列）(FPGA) 可以完成 IR - UWB 脉冲检测。ADC 模块可以对 IR - UWB 前端所产生的加宽基带脉冲流进行采样。FPGA 模块中可以运行脉冲检测程序。

Stratix Ⅱ FPGA 开发板[9] 可以作为协调器节点的采样和数据处理模块使用。Stratix Ⅱ FPGA 开发板配有板上 ADC 模块，可以在取样速度达到 100 MHz 而且分辨度为 12 位/样本的条件下对基带脉冲进行采样，脉冲检测和同步算法均被编程导入到 FPGA 模块中。FPGA 中的脉冲检测程序控制一个数字锁相环（DPLL）的运行，使之产生 6 个时钟，相对于同一个参考时钟具有可编程的延迟。在 FPGA 模块上实现的脉冲同步算法用来确定 ADC 采样时钟，使其在接收的 UWB 脉冲达到峰值时进行采样，如考虑到在 100 MHz PRF

条件下运行的UWB系统。在这种情况下,UWB前端将会产生一个基带脉冲流,其脉冲宽度为8 ns而且彼此相隔10 ns。FPGA程序的DPLL可以产生相互之间具有1.67 ns延迟(相位相差60°)而且时钟脉冲频率达到100 MHz的六个时钟,这些时钟可以连续地对UWB脉冲流进行采样,每一个时钟都会采集10个连续的UWB脉冲并且保存所记录的脉冲振幅进行累计。

可以针对每一个时钟使用十个样本脉冲对接收到的UWB脉冲流中有可能出现的任何时间抖动效应进行补偿。全部时钟完成对脉冲流的采样(如经过60个连续脉冲的周期)之后,可以将所记录的脉冲振幅相互进行比较,记录最大采样值的会被选中作为用于数据检测的ADC采样时钟。ADC采样时钟判定程序会出现在发射数据包结构的同步部分。图6.3和图6.4会给出上述采样技术的具体操作。

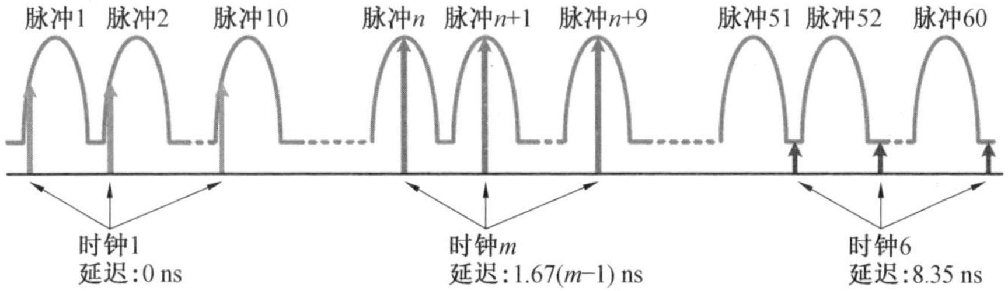

图6.3　不同采样时钟的脉冲检测

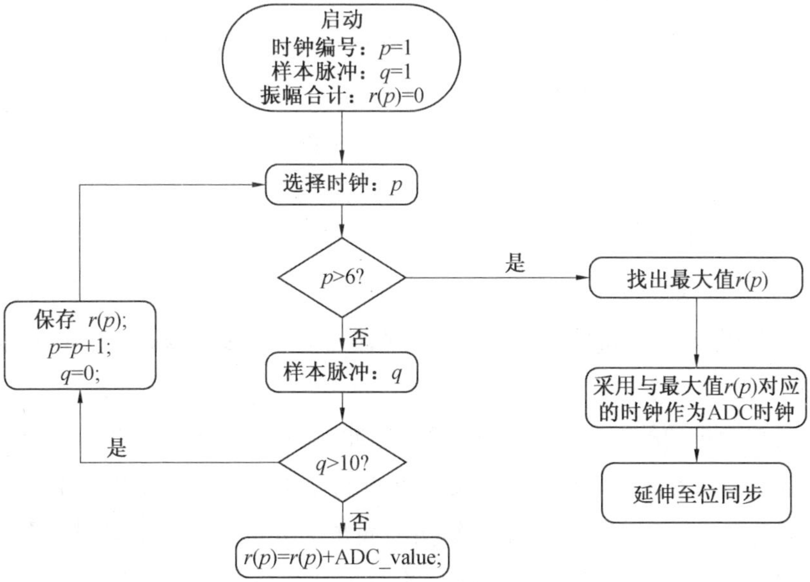

图6.4　判定采样时钟的算法

IR－UWB 脉冲同步化可以保证使用最佳的采样时钟对接收到的 UWB 脉冲进行采样。为对采样时钟进行准确的判定，必须在发射数据包结构同步部分的范围内执行时钟同步程序。然而，超帧时隙的起点并不总是与数据包结构的到达时间对准。因此，为避免由于超帧时隙的起点与数据包到达时间之间有延迟而产生的时钟偏差，必须添加一个相应步骤。可以通过以下方式实现这一点。

FPGA 程序可以定义检测是否存在脉冲时的初始振幅阈值。如果 ADC 模块所记录的脉冲振幅超出阈值，则视为存在脉冲。FPGA 模块可以检测到范围从 －1 到 ＋1 V 的振幅，此时的分辨度为 5 mV。考虑到事实上经过 UWB 前端的已接收脉冲具有正振幅，所以选用 10 mV 作为脉冲检测算法中的初始阈电平。在数据传输时选用最低可用的阈电平，就不再需要按照传感器节点和协调器节点之间的距离改变阈电平。发射数据包的同步部分后面会带有一个 12 位的前同步码序列，具体选为“010010110100”。

基于 VHDL 的脉冲同步接收机算法如图 6.5 所示。正如之前所述，对已经分配给某一特定传感器节点传输数据的超帧时隙起点处，ADC 模块可以利用每一个时钟（初始检测）连续采集 10 个基带脉冲（图 6.6(a)），这一点可以在事先不知晓接收数据包结构内同步部分位置的情况下进行。为判定是否存在脉冲（为方便进行说明，本章会将脉冲的存在性表示为 P_1 而将脉冲的不存在性表示为 P_0），将每一个时钟记录的脉冲振幅与初始阈值进行比较。FPGA 程序会一直等待，直至出现第一种情况，即其中一个采样时钟记录从 ADC 的十个脉冲中记录到五个 P_1，出现后一种情况时会记录下数据包的到达情况，此时接收机的采样时钟会进行次优同步化。为获得最佳采样时钟，在完成对初始脉冲的检测之后，可以按照图 6.4 中的算法执行全时钟同步程序。

发射数据包的同步部分包括 140 个脉冲周期，而图 6.4 所述的时钟同步周期只需要 60 个脉冲周期。为保证可以将全套 60 个脉冲用于时钟同步（图 6.6(b)(c)），可以在数据包结构的同步部分范围内采用额外数量的脉冲，时钟同步之后会进行前同步码检测，这一部分会在下面给予说明。

```
library ieee;
use ieee.std_logic_1164.all;
use ieee.std_logic_arith.all;

entity PULSE_SYNC is

   port(
      clk : in std_logic; -- FPGA clock
      ADC_in : in std_logic_vector(11 downto 0); --12 bit input from ADC
      CLK_sel : out std_logic_vector(2 downto 0);-- Sampling clock to ADC module
      );
end entity PULSE_SYNC;

architecture SYNCArch of PULSE_SYNC is
   type Sync_block_type is (block1, block2, block3,
   block4, block5, block6);  -- Six Sync blocks for six sampling clocks
   signal Sync_block : Sync_block_type := block1;
   signal rxdata : std_logic_vector(11 downto 0);
   signal pulse_cnt : std_logic_vector (3 downto 0) := "0000"; --Count upto ten consecutive pulses

   SYNC : process(clk)

      variable ADC_store1,ADC_store2,ADC_store3,ADC_store4
      ,ADC_store5,ADC_store6,ADCmax : std_logic_vector(20 downto 0) ;
      variable opt_clk : std_logic_vector (2 downto 0); -- Optimum clock to be used in pulse detection
      variable ADC_max : std_logic_vector(20 downto 0):= "000000000000000000000";

      begin

         if clk'event and clk = '1' then

            case Sync_block is

               when block1 =>
                  CLK_sel <= "000"; -- Use clock no.1 for sampling 10 consecutive pulses (See Fig. 6-3)
                  rxdata <= ADC_in;
                  ADC_store1 := ADC_store1 + rxdata;
                  pulse_cnt <= Pulse_cnt + 1;

                  if pulse_cnt < "1001" then -- If number of pulses sampled are less than 10
                     Sync_block <= block1;
                  else                      -- When number of pulses sampled equal to 10
                     opt_clk := "000";  --Assign Clock no. 1 as the optimum sampling clock
                     ADC_max := ADC_store1; -- Assign ADCStore1 as the maximum recorded cumuative_
                                            -- _ADC sampling value
                     ADC_store1 := "000000000000000000000";
                     pulse_cnt <= "0000";
                     Sync_block <= block2;
                  end if;
            when block2 =>
                  CLK_sel <= "001"; -- Use clock no.2 for sampling 10 consecutive pulses (See Fig. 6-3)
                  rxdata <= ADC_in;
                  ADC_store2 := ADC_store2 + rxdata;
                  pulse_cnt <= Pulse_cnt + 1;

                  if pulse_cnt < "1001" then -- If number of pulses sampled are less than 10
                     Sync_block <= block2;
                  else if ADC_max < ADC_store2 then  -- If Clock no.2 records a larger cumulative_
                                                     --_sampling value than the previous maximum
                     opt_clk := "001";  --Assign Clock no. 2 as the optimum sampling clock
                     ADC_max := ADC_store2;
                     ADC_store2 := "000000000000000000000";
                     pulse_cnt <= "0000";
                     Sync_block <= block3;
                  else                 -- Else keep the previous maximum ADC and sampling clock
                                       --and move to next block
                     ADC_store2 := "000000000000000000000";
                     pulse_cnt <= "0000";
                     Sync_block <= block3;
                  end if;

                   --contd--
                   --contd--
            when block6 =>
                  CLK_sel <= "101"; -- Use clock no.6 for sampling 10 consecutive pulses (See Fig. 6-3)

                  rxdata <= ADC_in;
                  ADC_store6 := ADC_store6 + rxdata;
                  pulse_cnt <= Pulse_cnt + 1;

                  if pulse_cnt < "1001" then
                     Sync_block <= block6;
                  else if ADC_max < ADC_store6 then
                     ADC_max := "000000000000000000000";
                     ADC_store6 := "000000000000000000000";
                     pulse_cnt <= "0000";
                  else
                     CLK_sel <= opt_clk; -- Assign the optimum clock found as the ADC sampling_
                                         --_clock for rest of the packet (In case it is Clock. no 6_
                                         --_keep the CLK_sel assigned at the begining of this block)
                     ADC_max := "000000000000000000000";
                     ADC_store6 := "000000000000000000000";
                     pulse_cnt <= "0000";
                  end if;

         end case;
   end process SYNC;
end SYNCArch;
```

图6.5　基于VHDL的脉冲同步接收机算法(见彩图)

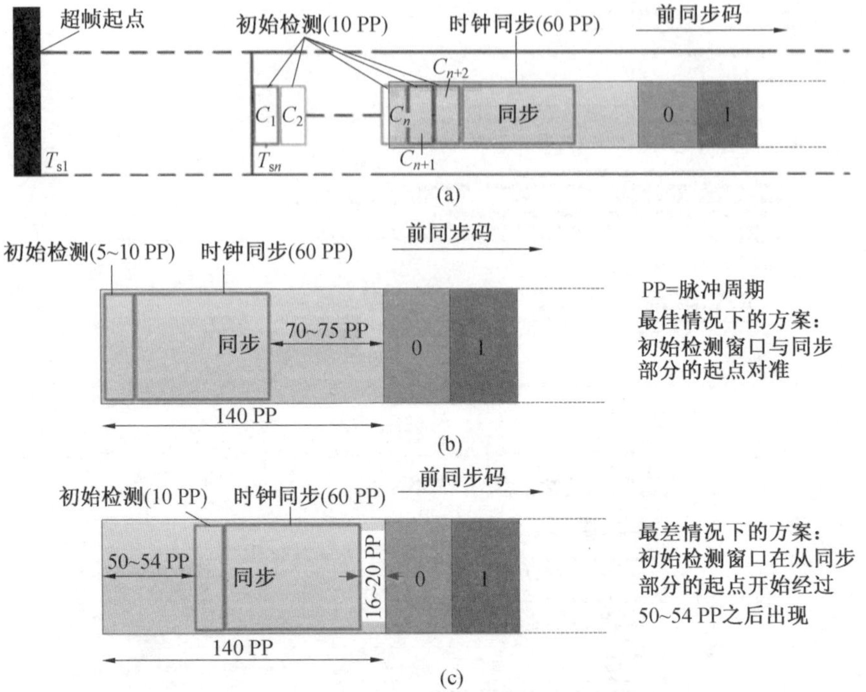

图 6.6　时钟同步周期与同步部分的校准

6.4.2　数据包同步化和位元检测

经过时钟同步周期之后，FPGA 程序会一直等待，直至收到前同步码序列的第一个“0”为止。为确定是否存在脉冲，在时钟同步周期中，确定的最佳时钟需要与初始阈值一起来确定脉冲的出现。无论数据传输时会采用什么 PPB 值(PPB 值针对本章节所述的 UWB 通信会在 20 ~ 100 PPB 的范围内变化)，经过时钟同步之后，FPGA 程序都会一直等待，直至检测到 10 个连续的 P_0 为止。这 10 个连续的 P_0 会与 12 位前同步码序列中第一个“0”位的起点对应。使用 10 个连续的 P_0 可以避免因脉冲漏检而产生的错误。在接收到 10 个连续的 P_0 时，FPGA 程序会通过将位元检测周期的起点设置为第一个已记录 P_0 检测时间的方式锁定引导码。锁定前同步码序列的起点后，FPGA 程序利用某一特定传感器节点所分配的 PPB 值继续检测前同步位。在某一位元周期的脉冲检测数量超过所分配 PPB 数值的一半(对于初始化数据包来说，传感器节点会采用一个事先已知的 100 PPB 值，传感器初始化之后出现的数据包会采用协调器节点所分配的一个 PPB 值)时会认为位元为“1”，否则会将其假定为“0”。

对前同步码进行正确的检测可以保证初始阈值足以适用于位元检测而且时钟同步会发生在数据包结构的起点处。有以下两个原因可能会造成前同步码的检测不当：

(1) UWB 信道中的误码率(BER) 很大；

(2) 初始阈电平处于接收信号的噪声级以下。

接收机的相关程序设计用于按照以下方式区分这两种情况。如果初始阈电平低于已接收信号的噪声级,则前同步码检测程序就会在前同步码检测周期中记录所有的 P_1 脉冲。在这种情况下,阈电平会按照 1 mV 的阶跃增大,而且在下一个超帧的相关时隙中会重新尝试进行时钟同步;否则,会认为是由于 BER 太高而出现前同步码检测不当。下面讨论 BER 补偿过程。

前同步码检测成功后就会进行位元检测。协调器节点会事先知晓分配给每一个在特定超帧时隙位置传输数据的传感器节点的相关参数,如 PPB 值和阈电平,这些特性会被用于解码那些通过传感器节点发送的位元。已解码的数据包会被保存在与 FPGA 芯板相连接的存储卡中,而且会按照请求采用串行通信的方式发送到计算机终端。

6.4.3　误码性能控制和用于靠数据通信的网络反馈

协调器节点可以检测到适用于所有传感器节点的 BER,这些传感器节点都采用引导码和一个已知的 10 位数据模式,即在发射数据包范围内的数据位元中分布“1011001110” 的方式实时发送数据。通过采用第 3 章所述的 BER 补偿过程,协调器节点会将这一 BER 阈值保持在 10^{-4} 或者最可能接近的数值。如果针对某一特定的传感器节点在其引导码或者数据包数据部分的已知嵌入位元中检测到错误,则数据检测程序自此就会针对这一特定的传感器节点开始计数已经接收到的位元数量。如果在计数到10 000个位元之前检测到另一个错误的位元,则位元计数器就会复位而且会通过窄带反馈路径发送反馈信息,请求该传感器节点增大 PPB 值。如果没有找到错误的位元,则位元计数器会在达到10 000个位元之后得到复位。用于某一特定传感器节点数据检测程序的总体运行情况如图 6.7 所示。

MAC 协议的其余部分会按照第 3 章所述的方法工作,它采用了第 3 章所述的信标使能超帧结构。

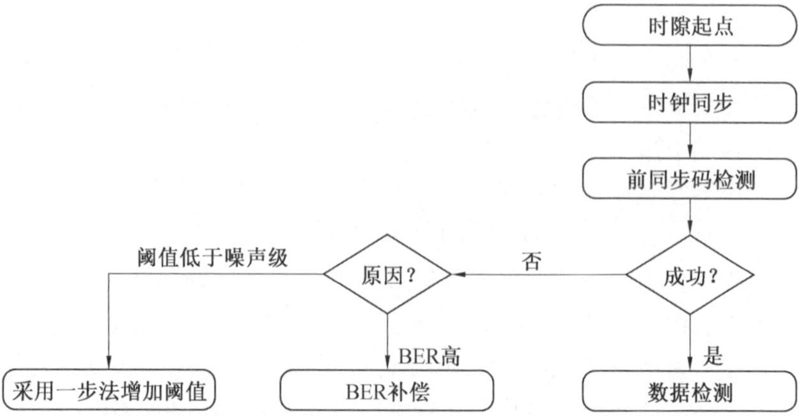

图 6.7　用于某一特定传感器节点数据检测程序的总体运行情况

1 ms 的超帧持续时间可以用于所有的传感器通信。连续性的传感器可以在保障时隙（GTS）内发送，持续数间为 100 μs；而周期性的传感器则在竞争访问时段（CAP）内发送，持续时间为50 μs。采用上述检测方法的 FPGA 模块解码后的比特流如图 6.8 所示。

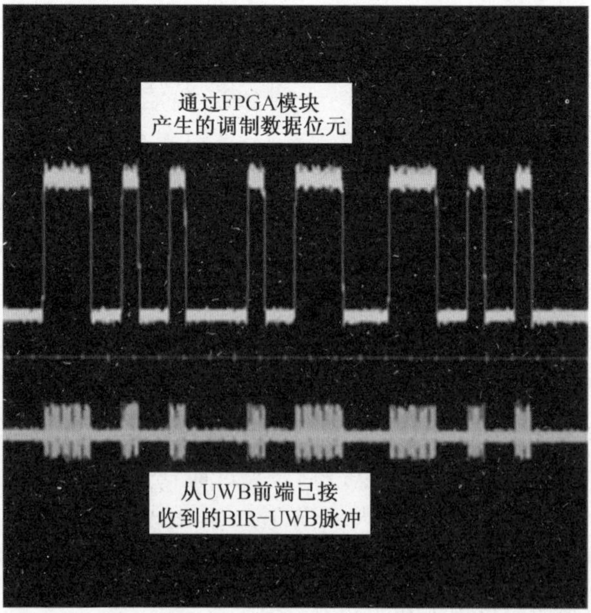

图 6.8　采用上述检测方法的 FPGA 模块解码后的比特流

6.5　WBAN应用实现:多传感器ECG和温度监控系统

为证实MAC协议的总体工作情况,需建立一个多传感器ECG和温度监控系统[8]。进行ECG监控时需要用到三个传感器节点,而进行周期性的温度监控时只需要用到一个传感器节点。负责发送ECG数据的传感器节点会采用GTS进行连续数据传输,而负责发送温度数据的传感器节点则会采用CAP进行周期性数据传输。这里温度传感器的数据传输周期设为10 s,所有的传感器节点都会放置在一个用户的身体上,而协调器节点则放置在体外。在示范性的实验设置中,人身与接收天线之间的距离会保持在70 cm。

在布置传感器节点时,其天线应布置为指向汇聚节点。

为获得ECG测量值,每个连续性的传感器节点需要使用两个ECG电极。ECG信号会被放大而且通过传感器节点中的模拟前端电路系统进行滤波,微型控制器的内置ADC会对这些被放大的ECG信号进行采样。在数据传输过程中运行休眠模式时,可以对ECG信号进行采样。ECG信号可以在8 kHz的采样速度以及每个样本10 bit的分辨度条件下进行采样,这样可以使每个采样循环产生70位的ECG数据。采样数据会缓存在微型控制器中,并且在下一个数据传输时隙中采用如图6.1(a)所示的连续数据包结构进行发送。出于温度监控的目的,需要使用可以产生10位数据输出的板上温度传感器。两个温度数据样本会以如图6.1(b)所示的周期性数据包结构进行缓冲和发送。

已接收的数据会被保存在协调器节点,并且按照请求采用串行通信发送至计算机的终端。采用Matlab[10]所开发的程序可以处理数据收集和显示工作。为在已接收到的ECG信号中滤掉50 Hz的噪声,可以使用基于软件的陷波滤波器。ECG监控系统所采用的传感器节点如图6.9所示。采用Matlab开发出的监控接口如图6.10所示。在图6.10给出的ECG波形中可以清楚地观察到传感器节点随机初始化情况。

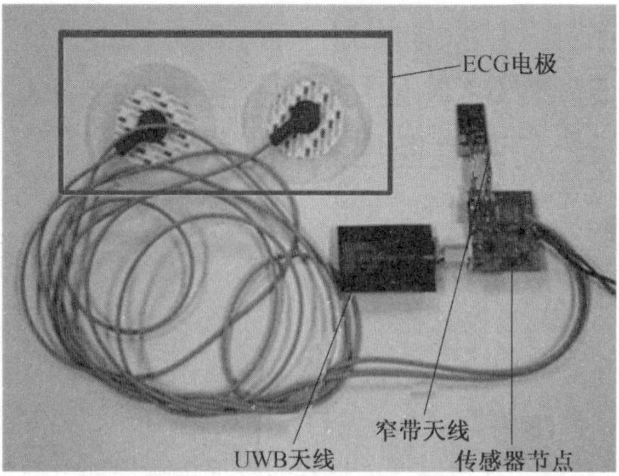

图 6.9　ECG 监控系统所采用的传感器节点

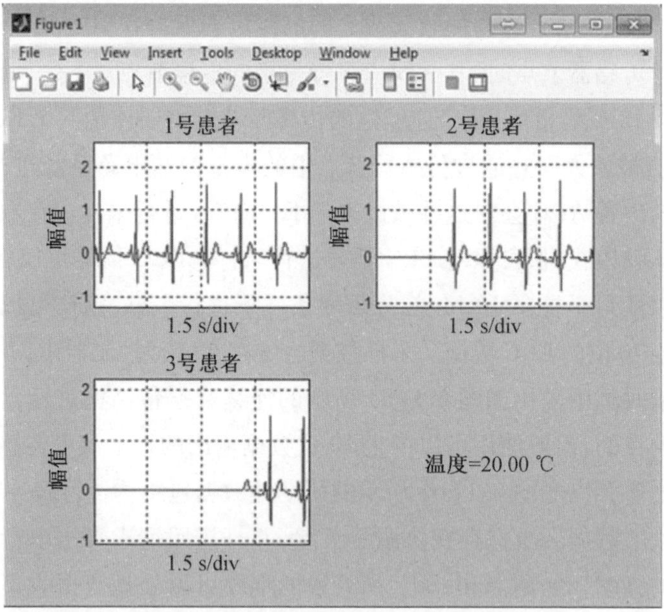

图 6.10　采用 Matlab 开发出的监控接口

6.6　双频段 WBAN 通信系统的在体评估

为体现出 MAC 协议在在体型多传感器通信方案中的性能，需要对双频段通信系统进行在体评估。不同的通信方案见表6.1，表6.1中的多个通信方案是在对传感器节点和协调器节点定位的基础上开发得到的。

表6.1　不同的通信方案

方案名称	用户数量	协调器位置	传感器节点位置	人体运动
方案1	1	离体	在体	静止
方案2	1	离体	在体	行走
方案3	1	在体	在体	行走
方案4	2	离体	在体	静止

网络性能参数,如BER、传感器初始化延迟等,均已针对每一个方案进行过实验性的评估。所有的实验都采用四个传感器节点完成,在这些实验的过程中,传感器节点均以随机方式启动。所有的传感器节点都会以100 MHz的PRF进行发送,每一个传感器节点的PPB值都可以通过改变传感器节点微型控制器模块所产生的数据位宽度进行控制,所有传感器节点的发射频谱均设置为满足FCC监管的频谱遮罩范围。100 MHz PRF时测量得到的平均UWB发射功率频谱如图6.11所示。

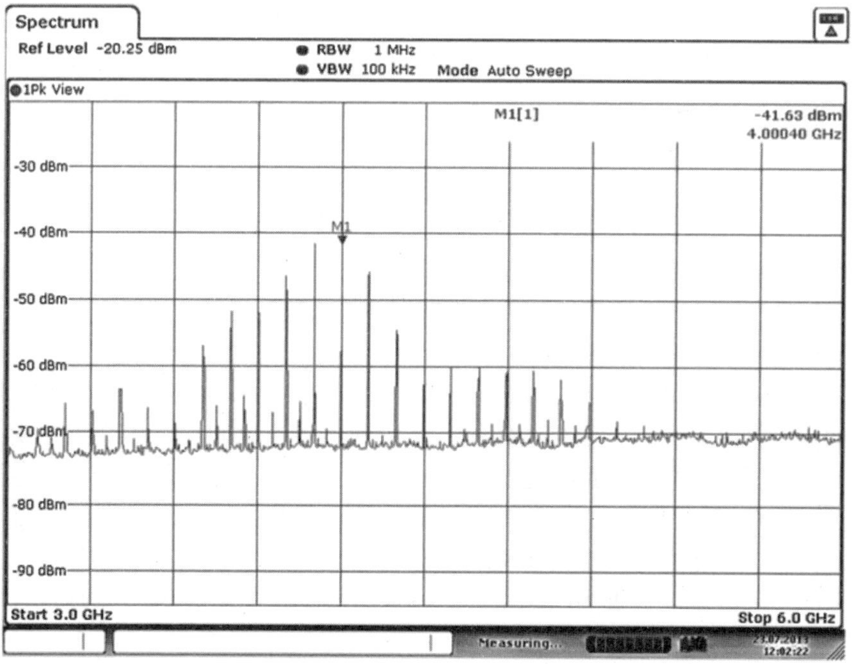

图6.11　100 MHz PRF时测量得到的平均UWB发射功率频谱

6.6.1　BER 性能分析

BER 分析可以证明在动态信道状态下双频段通信系统的可靠性。可以通过以下方式进行 BER 计算。对某一特定传感器节点的微型控制器进行编程,从而在分段数据包里以 10^8 位的长度发送数据位序列。传感器节点和协调器节点都会知晓这一数据位序列。当协调器节点从传感器节点处接收数据时,它可以将已接收到的数据转移到负责计算 BER 的 Matlab 程序中。这一 Matlab 程序可以通过除同步部分外数据包中所有的比特来计算 BER,在 BER 实验中会使用四个传感器节点。采用图 6.1(a) 中的数据包格式可以配置所有的传感器节点,从而进行连续发送。通过传感器节点和协调器节点之间的各种间隔距离,可以评估表 6.1 中某一特定方案适用的 BER。

可以估计出四种方案的 BER 值。在前三种方案中,可以通过将每一个传感器节点的 PPB 值固定为 20、50 和 100 的方式计算出 BER 值,从而证明 PPB 对于 BER 所产生的影响。这些固定的 PPB 实验需要禁用 MAC 协议中的动态 BER 分配程序。根据第 3 章所述的传感器节点初始化程序,可以使用最大允许 PPB 值(对于这些实验来说为 100 PPB)完成这些固定 PPB 实验的传感器初始化工作。经过初始化后,传感器节点会返回并且分配给每一个传感器节点一个固定 PPB 值来发送数据。为在启用 MAC 协议的动态 BER 分配程序时对 BER 进行评估,需要进行第四个实验。协调器节点会按照第 3 章所述的程序,在 20 ~ 100 PPB 的范围内分配一个 PPB 值,从而尝试使每一个传感器节点的 BER 阈值保持在 10^{-4} 或者最接近的可能值。固定 PPB 实验强调了引入动态 BER 分配程序得到的性能改善。为模拟出室内的传播环境,所有实验均在常规的实验室设置中开展。应当注意的是,距离某一传感器节点给定间距处的接收信号强度主要取决于诸如方向性和增益等天线特性①。

1. 适用于方案 1 的 BER 分析

间距符合方案 1 要求的 BER 实验结果如图 6.12 所示。在这一方案中,四个体内传感器节点和放置在体外的一个协调器节点之间会发生数据通信。在一个与图 6.9 类似实验的设置中,会对一个单一用户连接全部四个传感器节点。图 6.12 中的每一个点都代表在距离协调器节点某一特定间距时,某一特定传感器节点所记录的 BER 值。在这一实验中,用户身体与协调器节点接收天线之间的距离被视为间隔距离。用户的身体会在整个 BER 评估过程中

---

①开展这些实验时,均采用内部开发并且在进行这些实验时可以提供的天线。第 5 章中所示的链路预算对 UWB 的链路范围进行了粗略估算。

保持静止不动。图6.12绘制了在不同间隔距离的条件下四个传感器节点所记录的BER值，每一个特定的距离会进行三次BER评估，而且会对每一个传感器节点绘制平均BER。

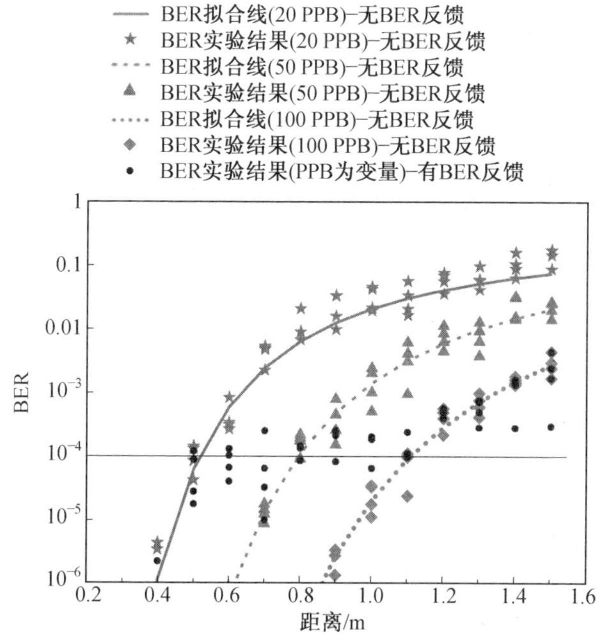

图6.12　间距符合方案1要求的BER实验结果

从图6.12可以看出，所记录的BER值会出现对数衰减。这一实验中所用到的四个传感器节点记录了BER值，这些数值对于同一间隔距离存在很小的变化。出现这些变化主要是因为UWB发射天线的方向不同，不同的天线方向导致UWB信号沿不同的路径中朝协调器接收天线传播。这些传播路径的衰落特性和多径特性彼此不同，从而导致每一个传感器节点产生的BER值不同。

固定BER实验可以证明某一特定距离下的BER取决于数据传输的PPB值。对于相同的间隔距离来说，具有较高PPB值的传输会比较低PPB值传输产生的BER更低，这些实验结果证明了第3章针对基于UWB的短量程WBAN所获得的BER分析结果。

在PRB可变的实验中，采用MAC协议的BER补偿程序，利用上述提到的多PPB UWB传播特性，使BER恒定维持在10^{-4}这一量级。图6.12中的结果表明，在可变PPB实验中，当间隔距离为0.5 ~ 1.1 m时，BER值保持接近10^{-4}。间隔距离小于0.5 m的BER值会随着20 PPB传播的BER趋势线保持在10^{-4}标线的下方，而且间隔距离超过1.1 m时的BER值符合100 PPB传播的 BER 趋势线，这是 MAC 协议中最低 PPB 值为 20 而最大 PPB 值为 100 的限制条件造成的。对于0.5 ~ 1.1 m的间隔距离，MAC 协议会动态改变 PPB 值，这样它就可以与 10^{-4} 保持最接近的数值。这一结果表明，本章的动态 PPB 方案可以作为一种提升 UWB 通信系统中 WBAN 应用的 BER 性能的机制。图6.12 表明了每一个固定 PPB 实验的拟合趋势线，这些拟合线可以作为其他通信方案 BER 图表的指导线，将某一特定方案的 BER 结果与方案 1 的结果进行比较。

2. 适用于方案 2 的 BER 分析

符合方案2 要求的 BER 实验结果如图6.13 所示，说明了当用户以常规速度行走时通信系统的 BER 性能。为对每个距离的 BER 进行公正的评估，会要求用户以同心圆方式行走，这些同心圆会与协调器节点保持不同的距离，这样传感器节点的天线就可以始终朝向协调器节点。在这一实验中，从 UWB 接收天线到用户身体的距离会被视为间隔距离。可以看出，在这一方案下，固定 PPB 实验记录下来的 BER 会比方案1 中的 BER 要高，这主要是糟糕的信道状态造成的，因为此时信号散射严重、UWB 信号反射和衍射加大，而且与信号传播路径相互作用的人体部分会吸收电磁信号从而造成衰减加大。此外，由图6.13 可以看出，在与协调器节点保持相同间隔距离时，传感器节点适用的 BER 值与方案 1 的 BER 值相比较而言变化会更大，这主要是因为复杂的身体

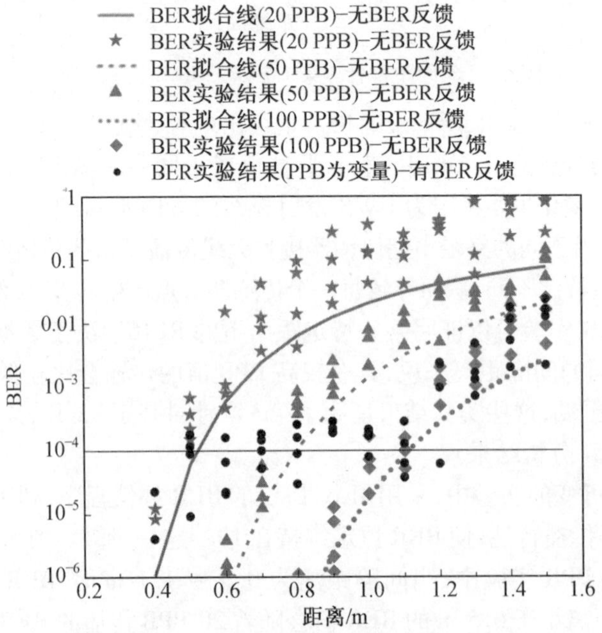

图6.13　符合方案 2 要求的 BER 实验结果

运动对放置在上半身各个位置的不同传感器节点上产生不同的影响。在这一方案中进行的可变 PPB 实验证明在动态信道状态下通过 BER 补偿程序可实现 BER 性能的提升。应当注意的是,如果无法在这些实验的过程中解码任何数据位,则应当将 BER 标记为“1”。

3. 适用于方案 3 的 BER 分析

方案 3 表示将发射机和接收机的 UWB 天线同时放在用户身体上进行实验,如图 6.14 所示为在体测量实验设置。传感器节点的位置固定,同时接收机 UWB 天线的位置会从用户的胸部调整为用户左腿的上半部分,传感器和协调器 UWB 天线之间的平均距离会被视为这一实验的间隔距离。在 BER 评估过程中,用户需要以正常速度行走。如图 6.15 所示为符合方案 3 要求的 BER 实验结果。应当注意的是,图 6.15 中只绘制出了 PPB 固定为 20 和 50 时实验得到的 BER 值,因为对于这个距离范围来说,只有这些实验才会产生相当大的 BER 值。与方案 1 相比,这些结果表明 BER 性能出现下降,这主要是因为复杂的身体运动和人体不规则的几何形状而造成反射和衍射加大,从而造成信号状态下降。人的皮肤以及服装面料上吸收 UWB 信号加剧了衰减,同时也会降低系统的 BER 性能。此外,可变 PPB 实验的结果可以证实采用 BER 补偿程序可以提高在体通信信道的 BER 性能。

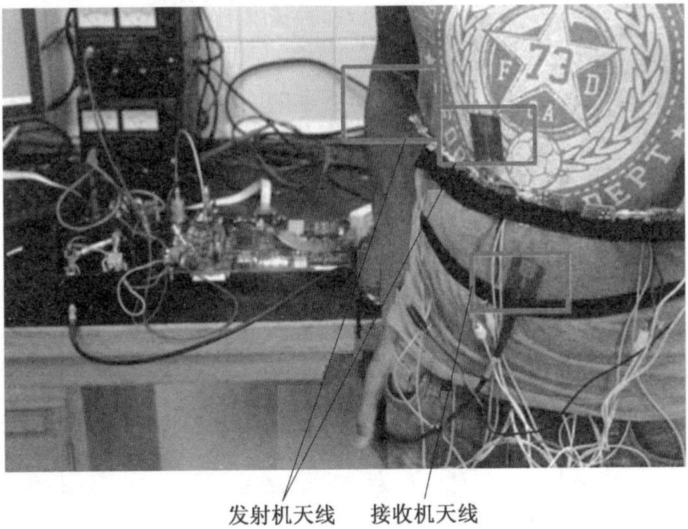

图 6.14　在体测量实验设置

4. 适用于方案 4 的 BER 分析

除传感器节点会被放置在两位用户身上且每位用户会携带两个在体传感器节点外,方案 4 会遵循与方案 1 相同的实验程序,这两位用户会被置于距离协调器节点相等的距离处。如图 6.16 所示为方案 4 的 BER 实验结果。

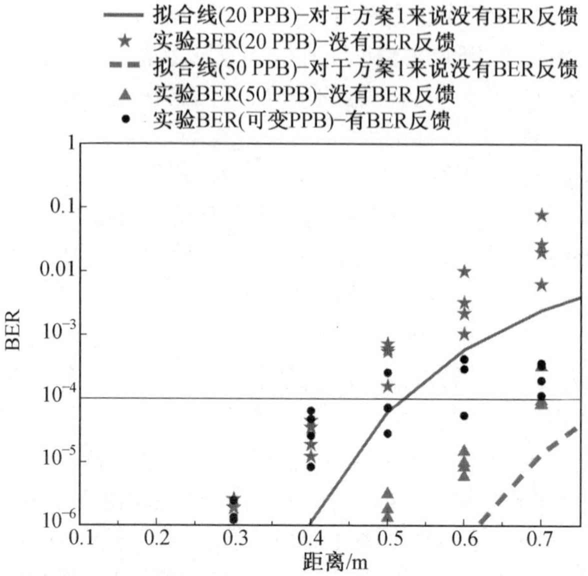

图 6.15　符合方案 3 要求的 BER 实验结果

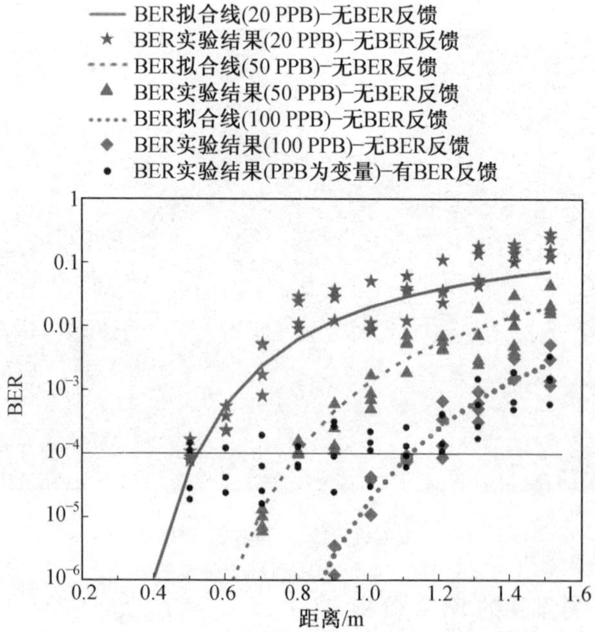

图 6.16　符合方案 4 要求的 BER 实验结果

这一实验的BER 变化与方案 1 的变化方式类似。双频段 MAC 协议中数据传输的既定特性有助于避免属于同一位用户的传感器节点与属于不同用户的传感器节点之间发生数据冲突，因此方案 1 和方案 2 的 BER 会具有类似的表现。

6.6.2　传感器节点的初始化延迟

传感器初始化延迟表示传感器节点在通信系统中进行注册并且开始进行数据通信所花费的时间。在传感器的初始化阶段，传感器节点会经过如图 6.17 中所示的传感器初始化程序。第 3 章详细说明了传感器的初始化过程。

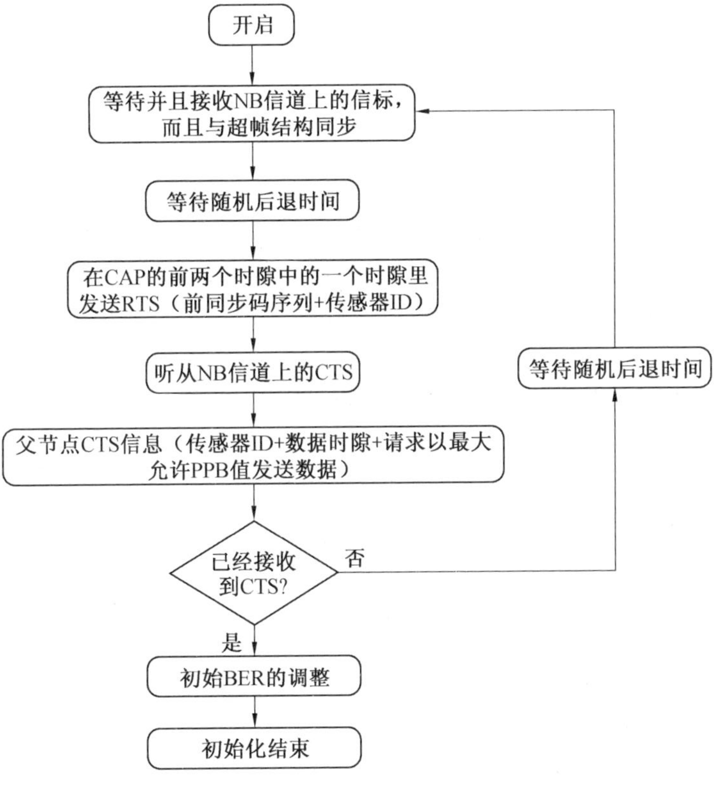

图 6.17　传感器初始化程序

在传感器初始化过程中，传感器节点采用最大允许 PPB 值（在这一实验中采用 100 PPB）传输一条准备发送（RTS）信息。接收到清除发送（CTS）信息之后，传感器节点会经历一个 BER 补偿周期，此时传感器节点和协调器节点会共同决定这一特定实例的最终 PPB 值,从而使 BER 尽可能保持在 10^{-4} 及以下的同时,能以最低的 PPB 值进行发送。初始化延迟取决于许多参数,如在某一特定实例中的系统 BER、超帧结构初始化时隙中出现的拥塞以及无线信号的传播延迟。对于这一实验,可以从传感器节点接收第一个信标的时间开始到传感器节点开始进行数据传输的时间来测量初始化延迟。所有的传感器节点都会同时开启。采用下列方程式可以表示某一特定传感器节点的初始化延迟,即

$$T_{\mathrm{ID}} = N \times (T_{\mathrm{RTS}} + T_{\mathrm{CTS}}) + T_{\mathrm{BER}} \tag{6.1}$$

式中　T_{ID}—— 传感器初始化延迟;

T_{RTS}—— 采用某一传感器节点的 RTS 的信标接收和传输之间的时差;

T_{CTS}—— 某一 RTS 信息的传输与某一 CTS 信息的成功接收之间的时差或者当某一传感器节点未成功接收 CTS 时的最大超时时间;

N—— 初始化尝试的次数,$N = 1,2,3,\cdots,10$;

T_{BER}—— 协商数据传输最终 PPB 值所花费的时间。

可以采用一个定时器在传感器节点位置处测量传感器的初始化延迟,该定时器可以测量收到第一个信标信息与传感器成功完成初始化之间时差,然后在初始化结束之后可以采用数据包将这一信息转入计算机终端。如图6.18所示为不同通信方案的距离条件下传感器初始化延迟的实验结果。通过计算每一间隔距离进行的三次实验中全部四个传感器所记录的初始化延迟平均值,可以得到平均的初始化延迟。

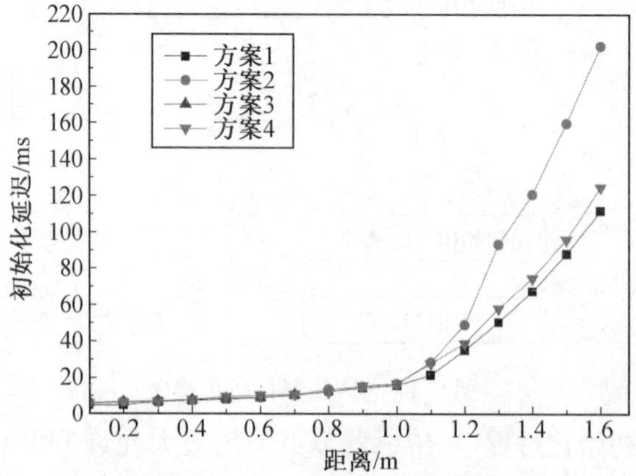

图6.18　不同通信方案的距离条件下传感器初始化延迟的实验结果

从图6.18中可以看出,通常初始化延迟会随着间隔距离增大而增大,这一变化可以通过间隔距离增大时BER会变大而且传播延迟也会变大来解释。BER值很大就会造成初始化请求信息出现错误,从而导致初始化尝试的次数增多。然而,在1.1 m以内的距离条件下,所有方案的传感器初始化延迟的差别很小,这是因为事实上所有的初始化信息都会在采用最大允许PPB值(100 PPB)进行传感器初始化。因此,BER在初始化延迟方面的效应会在这一间隔距离范围内对全部方案造成相同的影响。当间隔距离超出1.1 m时,可以看到初始化延迟迅速增大,之后的BER再也无法接近10^{-4},这是因为最大PPB值的限值为100 PPB。当间隔距离超出1.1 m时,方案2在初始化延迟方面表现出了最大的偏差,这主要是因为与其他方案相比,方案2在这一间隔距离范围内的BER较高。这些结果进一步强调了为了将传感器初始化延迟保持在可接受的程度而采用多PPB方案的重要性。

6.7 WBAN操作中双频段传感器节点的功率消耗

功率消耗对于各种电池式WBAN应用来说是一个重要因素。可穿戴和可植入的WBAN传感器节点都应当能够在持续时间较长、干预最少的情况下运行。与UWB接收机相比,由于其采用低复杂性的电路设计,因此UWB发射机具有固有低功耗性。第5章介绍的传感器平台可以通过采用窄带接收机的方式使用避免高复杂性且高功耗的UWB接收机,通过对MAC协议进行适当的设计还可以进一步改善功率消耗。

本节所述MAC协议设计的主要性质之一就是它可以在某一给定时间内达到最低PPB值,同时将发送数据的BER大致保持在10^{-4}。数据传输时采用最低的PPB值可以保证在整个数据传输循环中将UWB数据传输的持续时间保持为最佳值。

数据传输的持续时间是决定MAC协议能量消耗的关键因素之一。因此,保持数据传输时隙的持续时间为最佳值有助于优化传感器节点的功率消耗。

为测量传感器节点的电流总消耗量,可以采用如图6.19所示的电流测量实验设置。采用低电容的探头测量10 Ω电阻器的电压,需要将所有较高阶的旁路电容器从传感器节点上拆下,从而尽量减少对测量得到的波形产生的电容效应。

图6.19可以说明一个周期性传感器节点以及两个连续性传感器节点的总体电流消耗情况。其中,周期性传感器节点在100 PPB的条件下进行发送,数据包长度为50位;而两个连续性传感器节点在20 PPB的条件下进行发送,

数据包长度为 100 位。所有的传感器节点都会以 100 MHz 的 PRF 进行发送，在 2 ms 的时间内对电流消耗进行测量(即两个超帧的持续时间)。传感器启动周期不同阶段的电流消耗情况如图 6.20 所示。为验证双 MAC 协议的数据通信周期中电流消耗的变动情况，需要对传感器节点进行编程，以便在收到第一个信标之后发送具有假负载的数据包。为接收来自协调器节点的控制数据包，窄带接收机在连续性传感器节点的整个数据通信周期中需要连续工作。

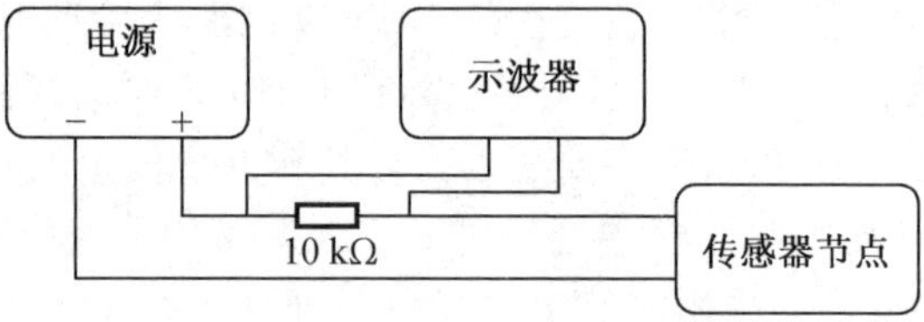

图 6.19　电流测量实验设置

在接收到超帧时隙中发送的数据包的应答数据包之后，周期性的传感器节点会以休眠模式运行。

从这些结果中可以看出，所有的数据通信方案都会消耗将近 16.5 mA 的峰值电流。据观察，周期性传感器节点在休眠模式下的电流消耗为 0.3 mA。UWB 传输会消耗一个数据通信循环中的大部分电流。UWB 发射机的电流消耗主要会受到电路 RF 部分高频压控振荡器(VCO)的影响。然而，由于 UWB 传输的高速数据传输速度，因此数据传输的持续时间只会占用少部分的超帧持续时间，从而形成很低的能量消耗。这一点可以从能量节省的角度体现出 UWB 技术与其他技术相比所具有的独特优势。周期性的传感器节点在很大程度上受益于这种占空式传输，因为在高速数据传输之前，可以长时间积累大量的数据。此外，双频段 MAC 协议可以保证 UWB 传感器节点正在以某一给定距离的最佳 PPB 值进行发送。举例来说，位于间隔距离在到 0.2 m 处的某一特定连续性传感器节点的 UWB 发射机会以 20 PPB 的条件发送数据，而不是按照 100 PPB 的最大允许值进行发送。这样针对这一距离就能够节省将近5% 的能量。这种能量节省会在 WBAN 传感器节点持久的使用寿命过程中逐渐增加至一个很大的数值，使用窄带接收机可以进一步为双频段传感器节点节省能量，一个等效的 UWB 接收机所消耗的功率可以达到窄带接收机的数倍[11-13]。因此，在第 5 章中介绍的传感器节点中使用窄带接收机可以将其使用寿命延长数倍。

不同数据通信方案的功率与能量消耗见表 6.2，可以说明与图 6.20 中数据通信方案相关的传感器节点主要部分的平均功率和能量消耗情况。

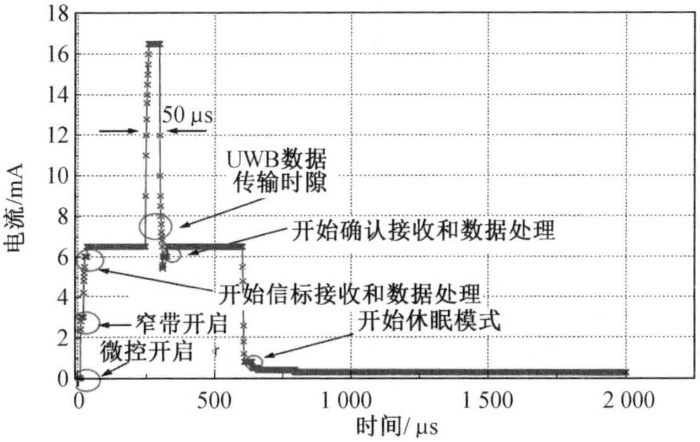

(a)

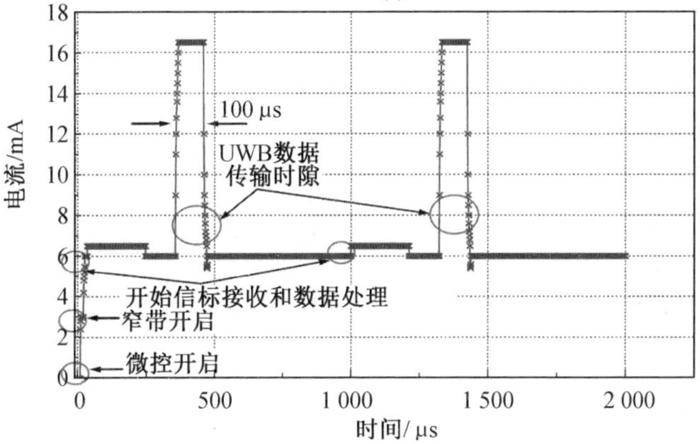

(b)

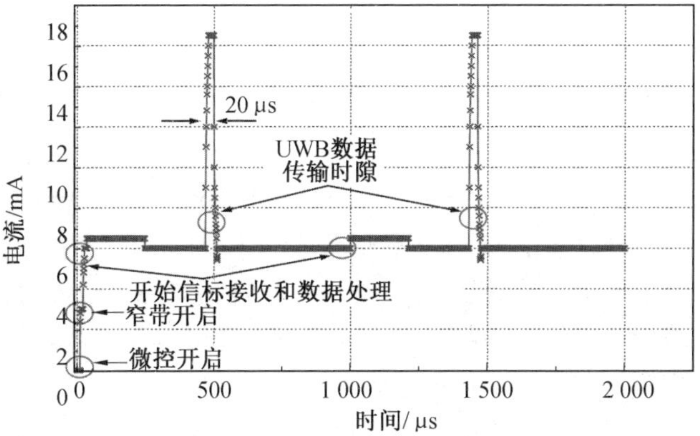

(c)

图6.20　传感器启动周期不同阶段的电流消耗情况

功率是一个传输循环中的平均值。举例来说,连续性传感器节点的传输循环被认为是一个超帧(1 ms)的时间,而周期性传感器节点的传输循环则被认为是两次连续传输之间的持续时间(对于这一特定的实验来说为10 s)。表6.2 还通过下式得出了 UWB 发射机单位有效数据比特的能量消耗情况,即

$$E_{\mathrm{bit}}\left(\frac{\mathrm{J}}{\mathrm{bit}}\right)=\frac{I_{\mathrm{Tx}}(\mathrm{A})\times V_{\mathrm{s}}(\mathrm{V})\times T_{\mathrm{Tx}}(\mathrm{s})}{B_{\mathrm{Tx}}} \tag{6.2}$$

式中　E_{bit}—— 单位有效传输数据比特的能量消耗;

I_{Tx}—— 传输过程中的电流消耗;

V_{s}—— 电源电压;

T_{Tx}—— 数据传输的持续时间;

B_{Tx}—— 被发送的比特总数。

应当注意的是,数据传感的功率消耗是采用模拟前端还是数字式数据输入取决于某一特定的应用,在这个计算中不予考虑。通过观察可以发现,模拟/RF 前端会消耗 6 mA 的电源,而微型控制器在进行数字通信时,除该微型控制器正常的工作电流外,只会消耗可忽略不计的电流量。

表 6.2　不同数据通信方案的功率与能量消耗

传感节点的组成部分	方案		
	A	B	C
参考	图 6.19(a)	图 6.19(b)	图 6.19(c)
UWB 发射机/mW	0.15	3.1	0.6
窄带接收机/mW	0.64	9.9	9.92
微型控制器/mW	0.68	10.48	10.52
总功率/mW	1.47	23.48	21.04
单位有效数据位元的能量/(nJ · bit^{-1})	27.22	54.45	10.89

从表 6.2 中可以看出,在涉及数据传输的主要部分中,微型控制器消耗最多的功率。由于UWB 发射机可以实现低占空且高速的数据传输,因此人们认为它的功率消耗相当低。为研究以 2.4 GHz 收发机模块为基础的无线传感器节点的功率消耗,文献[14] 进行了类似的实验。实验结果表明,功率消耗比这一设计要高得多。表 6.2 中所述三种方案下传感器节点的不同组件的功率消耗百分比情况如图 6.21 所示。

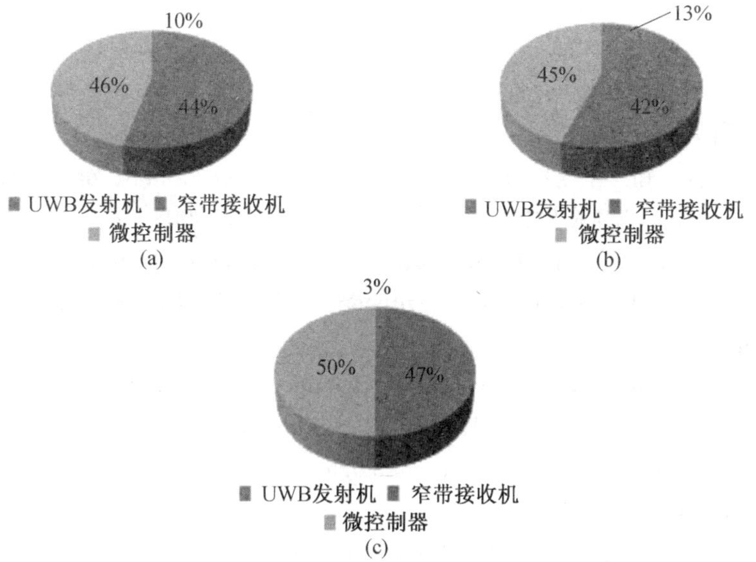

图6.21　表6.2中所述三种方案下传感器节点的不同组件的功率消耗百分比情况(见彩图)

6.8　本章小结

本章说明了双频段MAC协议的实现情况,同时对其各种性能参数进行了评估,如BER、初始化延迟和功率消耗。脉冲同步和位同步在准确检测UWB数据方面发挥着重要的作用。本章所述独特的脉冲同步机制可以避免为对窄带UWB脉冲进行采样而需要采用高采样速度的ADC。本章介绍的在体BER评估结果可以证实对短量程WBAN通信采用多PPB方案的效率。MAC协议可以允许动态分配脉冲/比特的数量,这样可以确定传感器节点能够在保持某一可接受BER的条件下发送数据。在传感器节点的位置、用户数量和身体运动情况等方面,对不同的各种方案进行BER性能评估。由这些结果可以看出,身体运动会对WBAN通信系统的BER性能产生不良影响。多PPB方案可以补偿因信道状态迅速变化而导致的BER变化。

本章所述的这种动态PPB方案可以确保传感器节点始终在保持某一可接受BER水平的同时以最低的PPB值进行发送。这一机制可以使传感器节点能够在保持某一可靠数据通信链路的同时以最低的功率消耗运行。MAC协议的跨层应用以及传感器节点的双频段硬件实现可以提供一种高能效的通信系统,该系统可以在需要各种数据传输能力的WBAN应用中高效使用。

参 考 文 献

[1] H. C. Keong, M. R. Yuce, Low data rate ultra wideband ECG monitoring system, in the IEEE Engineering in Medicine and Biology Society Conference (IEEE EMBC08), pp. 3413-3416, Aug 2008

[2] H. C. Keong, K. M. Thotahewa, M. R. Yuce, Transmit-only ultra wide band (UWB) body sensors and collision analysis. IEEE Sens. J. 13, 1949-1958 (2013)

[3] K. M. Thotahewa, J. -M. Redoute, M. R. Yuce, Implementation of a dual band body sensor node, in IEEE MTT-S International Microwave Workshop Series on RF and Wireless Technologies for Biomedical and Healthcare (IMWS-Bio2013), 2013

[4] H. C. Keong, T. S. P. See, M. R. Yuce, An ultra-wideband wireless body area network: evaluation in static and dynamic channel conditions. Sens. Actuators A Phys. 180, 137-147 (2012)

[5] A. Taparugssanagorn, C. Pomalaza-Raez, R. Tesi, M. Hamalainen, J. Iinatti, Effect of body motion and the type of antenna on the measured UWB channel characteristics in medical applications of wireless body area networks, in IEEE International Conference on Ultra-Wideband, pp. 332-336, 2009

[6] K. Thotahewa, J. Khan, M. Yuce, Power efficient ultra wide band based wireless body area networks with narrowband feedback path. IEEE Trans. Mobile Comput. pp. 1-1 (2013) (in pre-print version)

[7] K. M. Silva, M. R Yuce, J. Y. Khan, Multiple access protocol for UWB wireless body area networks (WBANs) with narrowband feedback path, in Proceedings of the IEEE International Symposium on Applied Sciences in Biomedical and Communication Technologies (ISABEL), 2011

[8] K. M. Thotahewa, J. -M. Redoute, M. R. Yuce, A low-power, wearable, dual-band wireless body area network system: development and experimental evaluation (submitted)

[9] http://www. altera. com/, 2014

[10] www. mathworks. com, 2014

[11] P. Jian, Z. Sheng, J. Benzhou, L. Xiaokang, Performance analysis of three kinds of non-coherent detectors for ultra-wideband communications, in 7th International Conference on Wireless Communications, Networking and Mobile Computing, pp. 1-4, 2011

[12] Y. Gao, Y. Zheng, S. Diao, W. Toh, C. Ang, M. Je, C. Heng, Low-power ultra-wideband wireless telemetry transceiver for medical sensor applications. IEEE Trans. Biomed. Eng. 58(3), 768-772 (2011)

[13] D. Barras, R. Meyer-Piening, G. von Bueren, W. Hirt, H. Jaeckel, A low-power baseband ASIC for an energy-collection IR-UWB receiver. IEEE J. Solid-State Circuits 44, 1721-1733 (2009)

[14] S. Wang, R. O'Keeffe, N. Wang, M. Hayes, B. O'Flynn, S. C. Ó Mathúna, Practical wireless sensor networks power consumption metrics for building energy management applications, in 23rd European Conference on Construction Informatics, Cork, Ireland, 12-14 Sept 2011

第7章　IR－UWB植入式通信的电磁效应

随着人体内或者几乎接近人体的脉冲无线电超宽带(IR－UWB)设备的使用日益增多,分析这些设备所产生的电磁效应极其重要。由于人体组织会与IR－UWB设备所发射的电磁信号相接触,因此它们会吸引一定量的发射功率并且将其转换为热量,这种现象会造成人体组织内的温度升高。人体组织的热效应对于IR－UWB信号等高频和高带宽信号来说非常重要。为防止因接触电磁信号而产生任何不良影响,应当对人体组织的温度上升进行管控。吸收比(SAR)和吸收系数(SA)可以很好地体现出人体组织所吸收的功率量。本章介绍了IR－UWB信号而造成的人体SAR、SA和温度变化。在人体腹部内工作的基于IR－UWB的无线胶囊内窥镜(WCE)为本次实验的主要设备。这一分析会比较这些基于IR－UWB的WCE设备是否符合相关国际安全法规的要求。为开展这种以模拟为基础的研究,采用由人体组织模拟材料构成的人体体元模型。这些组织特性,如相对电容率等,都会按照入射信号频率以及模拟过程中组织样本的年龄进行特征化处理。通过有限积分技术(FIT)可以对SAR和SA变化进行离散化模型的分析。

7.1　引　　言

近年来,适用于可植入传感器的无线通信已经引起了研究人员的关注,其具有若干优点,如可以尽量减少日常活动中的限制条件、促进微创外科手术并为之提供远程控制和监测[1-4]。随着无线设备在人体内或者在几乎接近人体的情况下越来越广泛地得到使用,射频波和人体组织之间相互作用而产生的电磁效应变得越来越重要。SAR表示人体组织所吸收到的信号能量大小,常被许多人体电磁辐射接触量管控标准作为指标使用[5,6]。各种管理机构都会提供不同的评估方法以及不同的电磁信号与人体接触的SAR最大允许限值。国际非电离辐射防护委员会(ICNIRP)标准规定对于10 kHz ~ 10 GHz的信号来说,10克组织上的平均SAR被限制为2 W/kg[5]。IEEE/ICES C95.1—2005标准将10克组织6 min内的平均SAR限制为

1.6 W/kg[6]。为防止出现听觉效应,脉冲传输方案还需要其他的规范。针对10 克组织上的某一单脉冲,ICNIRP 标准会采用 2 mJ/kg 这一 SA 平均值,而 IEEE/ICES C95.1—2005 标准则规定 10 克组织在 6 min 内的 SA 平均值为 576 J/kg。不同管理机构提供的电磁曝露限值见表 7.1。

表 7.1 不同管理机构提供的电磁曝露限值[19]

	标准	平均法	频率范围	平均 SAR(全身)/(W·kg^{-1})	局部 SAR(头部和躯干)/(W·kg^{-1})	Limbs/(W·kg^{-1})
职业性接解/受控环境	ICNIRP 2009	垂直于电流方向,平均横截面大于 1 cm^2,持续 6 min	100 kHz ~ 10 GHz	0.4	10	20
	IEEE/ICES C95.1 - 2005	平均大于 10 克组织,持续 6 min	100 kHz ~ 3 GHz	0.4	10	20
	Health Canada Safety Code 6 2009	组织体呈立方体状,平均超过 6 min	100 kHz ~ 6 GHz	0.4	8	20
	CENELEC 1995	平均大于 10 克组织,持续 6 min	10 kHz ~ 30 GHz	0.4	10	20
一般性公共接触/受控环境	ICNIRP 2009	垂直于电流方向,平均大于 1 cm^2 的横截面,持续 6 min	100 kHz ~ 10 GHz	0.08	2	4
	IEEE/ICES C95.1 - 2005	平均大于 10 克的立方体组织,持续30 min	100 kHz ~ 3 GHz	2	2	4
	Health Canada Safety Code 6 2009	立方体状组织	100 kHz ~ 6 GHz	0.08	1.6	4
	CENELEC 1995	平均大于 10 克组织,持续 6 min	10 kHz ~ 30 GHz	0.08	2	4

研究表明,如果温度上升超过 1 ℃,就会对人体造成伤害[5]。为评估射频信号所产生的效应,已经开展了许多相关研究[7-15]。这一领域的大部分研究工作都是在在体方案上完成的,此时,大部分的信号传播在与人体组织相接触之前会通过空中接口发生[10-15]。因为可植入无线电设备的使用增多,大部分的电磁波传播都会发生在人体组织内部,所以分析这些设备对人体所产生

的效应非常重要。相关参考文献中只有少部分研究调查过电磁波在体内传播对人体组织产生的影响[7,8]。随着神经记录系统[16,17]和WCE[18]等用于记录生理学数据的新技术不断兴起,高数据传输速度的无线传输已经成为可植入设备的关键要求。脉冲无线电超宽带(IR - UWB)可以被认定为是一种能够在低功率消耗的情况下满足高数据传输速度的技术。

由于UWB通信在具有高数据传输速度的植入式通信中表现得越来越出色[16-18,20,21],因此研究植入人体内的UWB发射机所造成的电磁效应非常重要。文献中有几篇文章基于穿戴式场景分析了超宽带对人体的影响,它们研究了在非常接近人体的人体外部所放置的某一UWB发射源导致的SAR变化,这些结果可以帮助人们大致了解UWB信号在体传播过程中产生的电磁效应。许多报道过的研究都在不考虑各种组织材料特性差异的情况下采用了同质的人体模型进行研究,这会对结果产生较大的影响。SAR的变化同时也取决于天线特性,如方向性、定向和增益等。一些已报道过的研究证实了可植入设备进行射频传输对人体产生的效应[7,8,22]。部分研究说明了在MICS和ISM频段等低频频段条件下工作的可植入设备所产生的SAR变化[7,8]。文献[22]详细说明了人体胃部由IR - UWB源导致的SAR变化。文献[23]采用了有限差分时域(FDTD)计算方法,这种方法采用了有限差对Maxwell旋度方程中的导数进行离散[23]。然而,文献[22]并没有在模拟中考虑天线模型,也没有考虑控制UWB室内传播的FCC规定。许多研究对路径损失作为电磁功率吸收的指标进行过分析[24-27]。然而,SAR和SA测量值很容易与人体组织内的温度上升相关联。

本章介绍了IR - UWB植入式通信的电磁效应和热效应,这些都是体域网应用中重要的安全措施。基于IR - UWB的WCE是本章关注的应用方向。CST微波工作室开发的人体解剖模型[28]已经被美国联邦通信委员会(FCC)认定为适用于SAR计算的仿真工具[29],可以用于模拟人体组织在UWB频率条件下的各种特性。UWB信号源为在UWB频率条件下工作的可植入天线。考虑到组织材料在这些高频条件下的频散特性,可以采用4 - Cole Cole模型[30]。此外,在计算相对电容率等组织特性时还会考虑人的年龄影响。选择中心频率为4 GHz且带宽为1 GHz的IR - UWB脉冲对天线进行激励,选用这一频率范围时,UWB频谱收到来自诸如5 GHz Wi-Fi等其他无线技术的干扰最低。

7.2 仿真模型与方法

本节简要介绍与IR - UWB信号接触的人体组织的SAR和温度上升所采用的仿真模型和计算方法。

7.2.1 人体组织特性对SAR的影响

根据文献[30,31]中提供的入射波频率对人体组织特性变化影响的实验和理论结果汇编工作证明:人体组织特性在不同的入射波频率条件下表现不同,这是由一种被称为介电色散的特性造成的。通过下式[32]可以计算出适用于处于电磁场的某种材料的SAR值,即

$$\mathrm{SAR} = \frac{1}{2}\frac{\sigma}{\rho}|E|^2 \tag{7.1}$$

式中 E—— 均方根(RMS)电场强度;

ρ—— 质量密度,$\mathrm{kg/m^3}$;

σ—— 组织的传导性。

这一频域中的电场和磁场都可以通过频域的Maxwell旋度方程进行说明,即

$$\nabla\times \boldsymbol{E}(\omega) = -\mathrm{j}\omega\mu\boldsymbol{H}(\omega) \tag{7.2}$$

$$\nabla\times \boldsymbol{H}(\omega) = \mathrm{j}\omega\varepsilon_0\varepsilon_{\mathrm{r}}'(\omega)\boldsymbol{E}(\omega) \tag{7.3}$$

式中 j—— 虚数单位,$\mathrm{j}=\sqrt{-1}$;

ω—— 角频率;

$E(\omega)$、$H(\omega)$—— 具有时域谐波的电场和磁场;

μ—— 磁导率;

ε_0—— 自由空间电容率;

$\varepsilon_{\mathrm{r}}'(\omega)$—— 频率相关复相对电容率。

由于对电场$\varepsilon_{\mathrm{r}}'(\omega)$的依赖性,因此SAR的变化固有性地取决于材料的相对电容率,其相对电容率本身也取决于电磁信号的入射波频率。不同组织类型的复相对电容率表现会有所不同,特别是在UWB等较高的频率范围条件下更为明显。因此,不建议采用直观的同质人体模型模拟较高频率条件下的电磁效应。本节介绍的模拟都采用CST微波工作室的人体体元模型,该模型包括脑、骨头、肠组织、结肠组织、脂肪和皮肤等组织材料的混合物,同时它也考虑到进行热计算时的血流情况。

与频率相关的人体组织介电常数可以表示为[33]

$$\varepsilon_r'(\omega) = \varepsilon' - j\varepsilon'' = \varepsilon' - j\frac{\sigma}{\varepsilon_0\omega} = \varepsilon'\left(1 - j\frac{1}{\omega\tau}\right) \tag{7.4}$$

式中 ε'—— 组织材料的相对电容率；

ε''—— 异相损失因数，可以表示为 $\varepsilon' = \frac{\sigma}{\varepsilon_0\omega}$；

τ—— 松弛时间常数，$\tau = \frac{\varepsilon_0\varepsilon'}{\sigma}$。

在 ε'' 的表达式中，σ 表示材料的总电导率，它有可能部分归因于频率相关离子电导率 σ_i，$\varepsilon_0 = 8.85 \times 10^{-12}$ F/m 为自由空间电容率，而 ω 为角频率。在式(7.4)的基础上，Gabriel 等已经提出了利用下述方程式中给出的4 - Cole Cole 模型近似值[30] 来评估与频率相关的材料相对电容率的方法，即

$$\varepsilon_r'(\omega) = \varepsilon_\infty + \sum_{n=1}^{4} \frac{\Delta\varepsilon_n}{1 + (j\omega\tau_n)^{1-\alpha_n}} + \frac{\sigma_i}{j\omega\varepsilon_0} \tag{7.5}$$

式中 ε_∞—— $\omega \to \infty$ 时的电容率（在实际情况中为太赫兹频率范围内的电容率）；

$\Delta\varepsilon_n$—— 第 n 次迭代过程中某一指定频率范围的电容率变化；

τ_n—— 第 n 次迭代过程中的松弛时间；

α_n—— 用于衡量频散扩大情况的频谱参数的第 n 次迭代；

σ_i—— 静态的离子导电率。

在计算时域中的 SAR 时会涉及很高的计算复杂度，如当采用 FDTD 方法时，大部分研究人体组织中 SAR 变化的参考文献都采用诸如德拜近似法[9] 或者所谓的 4 × L Cole Cole 近似法[22] 等近似法来取代组织特性更加精确的4 - Cole Cole 模型。这主要是因为事实上获得 $0 < \alpha_n < 1$ 下的 $\varepsilon_r'(\omega)$ 时域表达式具有计算密集性。本节之后采取的方法就是在频域中计算 SAR，这样就可以采用更加精确的 4 - Cole Cole 近似法得到计算结果。

除组织材料具有与频率相关的频散特性外，人的年龄也会影响到人体组织的电磁表现，这主要是因为随着年龄的增长组织的含水量会发生变化[34,35]。文献[36] 中介绍的方法会遵循基于人体组织材料的含水量的复电容率 Lichtenecker 指数定律[37]。根据文献[37] 中给出的信息，任何组织材料的相对电容率（如复相对电容率的实部，式(7.4) 中的 ε'）可以按下式计算，即

$$\varepsilon' = \varepsilon_w^{\beta}\varepsilon_t^{1-\beta} \tag{7.6}$$

式中 ε_w—— 水的电容率；

ε_t—— 组织有机材料与年龄相关的相对电容率；

β——组织材料的水解率，可以表示为 $\beta = \rho \cdot \mathrm{TBW}$，其中 $\mathrm{TBW} = 784 - 241 \cdot e^{-\frac{\ln\frac{AGE}{55}}{6.9589}}$ 为水体总指数（“AGE” 是以年数表示的组织样本的年龄）[36,38]。

在经过一些初步运算之后，人体组织与频率相关的复电容率的表达式为[36]

$$\varepsilon_r'(\omega) = \varepsilon_w^{\frac{\beta-\beta_A}{1-\beta_A}} \varepsilon_A^{\frac{1-\beta}{1-\beta_A}} \left(1 - j\frac{1}{\omega\tau}\right) \tag{7.7}$$

式中 ε_A——某一成人参考组织材料与年龄相关的相对电容率，通过替代式(7.6)中的 $\varepsilon' = \varepsilon_A$，可以表示为 $\varepsilon_A = \varepsilon_w^{\beta_A} \varepsilon_t^{1-\beta_A}$（对于目前的模块来说，一位 55 岁成人的组织参数被作为参考使用）；

β_A——成人组织的水解率（所有其他的参数均在式(7.4)和式(7.6)中给出）。

通过将年龄相关组织参数近似值与这种 4 – Cole Cole 近似法结合，能够以足够的精确度对人体组织特性进行特征化，目前的研究中已经采用了这种方法。

在进行与年龄相关的计算时，此项研究考虑到了水的电容率随入射波频率的变化而变化的情况，而不是采用[36]中所用的常数值。如图 7.1 所示为 UWB 频率范围内 ε' 和 ε'' 的模拟变化，说明了一名 7 岁儿童和一名 55 岁男性的脑组织材料的频率函数 ε' 和 ε'' 的变化情况[39]。4 – Cole Cole 近似法计算所需要的基础组织参数组（如 $\tau_1 - \tau_4$、$\Delta\varepsilon_1 - \Delta\varepsilon_4$ 和 $\alpha_1 - \alpha_4$）均取自于文献[33]。应当注意到，尽管 ε' 取决于随着年龄推移而在组织含水量方面发生的变化，但是 ε'' 却几乎与年龄相互独立，因为后者是通过传导率（σ）确定的，这一点在图 7.1 中有所体现。

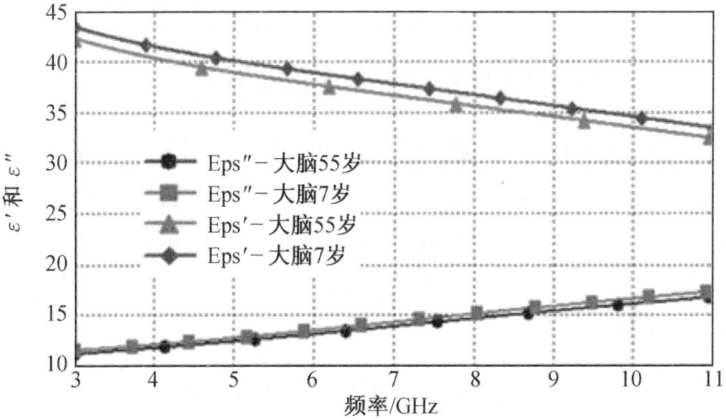

图 7.1 UWB 频率范围内 ε' 和 ε'' 的模拟变化，IEEE[39]

7.2.2　SAR 计算方法

有限积分技术(FIT)被用作模拟的体积离散法。通过在某一指定域中的离散 Maxwell 旋度方程,这一技术可以用于计算人体组织的吸收损失。选用的离散体积元为立方体,为定义在该立方体范围内所吸收的功率,需要应用合适的边界条件。在文献[40,41]中可以找到有关 FIT 模型的更多信息。

SAR 被定义为在离散体积元范围内所吸收到的功率,即

$$\mathrm{SAR} = \frac{\mathrm{d}\dfrac{\Delta W}{\rho \mathrm{d}V}}{\mathrm{d}t} \tag{7.8}$$

式中　ΔW—— 离散体积元所吸收的功率;

ρ—— 人体组织材料的密度;

$\mathrm{d}t$—— 时间增量;

$\mathrm{d}V$—— 其体积增量。

目前的模拟都采用 IR - UWB 信号脉冲作为激励信号来计算 10 克组织的平均 SAR,这样就可以将其与脉冲传输所适用的 ICNIRP 技术规范进行比较[5]。为说明最差情况,需要考虑到 10 克组织平均体积范围内的最大 SAR。为引入 ICNIRP 规范中额外的脉冲传输限制,每个脉冲的吸收系数(SA)可以通过以下方式进行计算,即

$$\mathrm{SA} = \mathrm{SAR} \times T_{\mathrm{p}} \tag{7.9}$$

式中　T_{p}—— 脉冲持续时间。

应当注意的是,植入电路系统中的电子元件等热源同样也会影响到人体组织的 SAR 变化。在进行模拟时并没有考虑这些热源的影响,因为本节的主要目的在于确定 IR - UWB 电磁场对 SAR 变化的影响。

7.2.3　以生物热模型为基础的温度变化

在与电磁场接触时,人体组织所吸收的功率会引起温度的上升。人体组织的温度上升超过 1 ~ 2 ℃ 就会造成不良的健康影响,如中暑[43]等。除研究 SAR 的变化外,本节还会分析当人的头部接触到来自某一植入发射机的 IR - UWB 传输时产生的温度变化。采用下式[44]中的生物热方程式可以对人体组织的温度进行建模,即

$$C_{\mathrm{p}} \frac{\delta T}{\delta t} = \nabla \cdot (k \nabla T) + \rho \cdot \mathrm{SAR} + A - B(T - T_{\mathrm{b}}) \tag{7.10}$$

式中　K—— 热导率;

C_p—— 比热容；

A—— 基础代谢率；

B—— 与血液灌注相关的术语；

ρ—— 组织密度，kg/m^3；

$\nabla\cdot(k\nabla T)$—— 以摄氏度表示的温度 T 条件下，热传导的热空间散射术语。

式(7.10)中的生物热方程式可以通过下式给定的边界条件求解，即

$$K\frac{\delta T}{\delta n}=-h\cdot(T-T_a) \tag{7.11}$$

式中　T_a—— 周围环境的温度；

n—— 所考虑表面的曲面法向单位向量；

h—— 与外部环境进行热交换的对流系数。

人体会试图采用各种机制管控其核心温度，使之保持在大约 37 ℃ 的温度。热管控机制的效应会造成式(7.10)中组织的基础代谢率(A)和血液灌注(B)可能体现出体温的从属性，而不是一个常数。采用下式[45]可以对基础代谢率进行建模，即

$$A=1.1A_0^{T-T_0} \tag{7.12}$$

式中　T_0—— 基础温度；

A_0—— 组织的基础代谢率。

血液灌注仅取决于局部的血液温度。采用文献[46]中提供的一组方程可以获得随着温度变化的血液灌注变化，通过文献[46]可以获得在计算温度变化时与热量相关的参数。

7.3　案例研究 1：无线胶囊内窥镜的 IR - UWB 信号的电磁效应

WCE 与传统的有线内窥镜方法相比具有许多优点，它不需要患者保持镇静状态或者由经过培训的医务人员对相关程序进行密切监控，它可以用于远离医院的隔离区来对患者进行远程监控。WCE 最重要的一个方面就是它是获得小肠影像的唯一方法，而有线内窥镜设备只能到达结肠或者消化道的上半部分[4,47-50]。许多报道中的无线内窥镜系统设计均采用窄带无线链路传输影像数据[4,51]。然而，与有线内窥镜方法相比，现有的窄带 WCE 设备会遇到电池使用寿命有限、帧率低以及分辨率低等问题[52]。IR - UWB 被认定为能够满足 WCE 设备对高数据传输速度、低功率消耗和小形状因子需求的无线技术[18,53,54]。由于人们越来越对 IR - UWB 作为 WCE 应用中无线物理层技术的

潜力感到兴趣,因此分析人体上因脉冲的传输而产生的电磁效应非常重要。基于 IR - UWB 的 WCE 通信系统如图 7.2 所示。

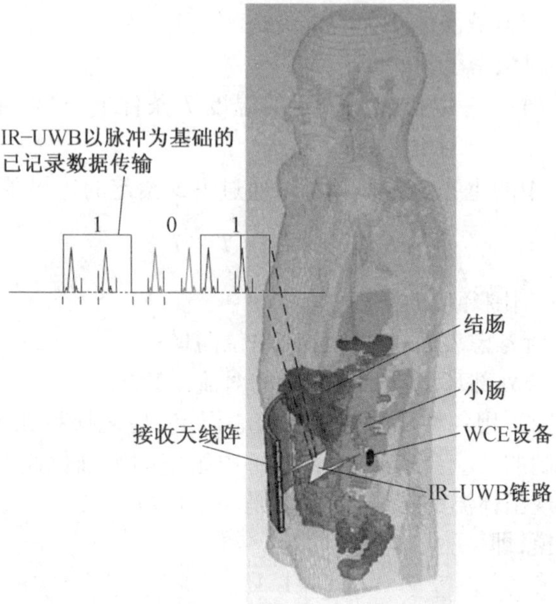

图 7.2　基于 IR - UWB 的 WCE 通信系统(见彩图)

7.3.1　天线模型和 WCE 设备定位

WCE 应用的模拟使用的是头部植入应用中的 UWB 天线模型。可以对其进行调节,从而使其在人体解剖模型的腹部内获得更好的性能。天线需要在 4 GHz 的中心频率以及将近 1 GHz 的带宽条件下工作,选用 4 GHz 的中心频率可以尽量减少来自现实情况中其他无线技术如 5 GHz Wi-Fi 的干扰。

天线模型的尺寸为 23.7 mm × 9 mm × 1.27 mm,这一尺寸与 WCE 适用的市售胶囊尺寸具有可比性[48]。天线会插入一个直径为 9.5 mm 的胶囊形壳体内,胶囊的壁厚与天线的尺寸相比可以忽略不计。出于这一目的,需要将模拟时所用天线的发射元件插入以甘油为基础的凝胶中,发射元件会占据天线下半部分。甘油的相对电容率为 50,接近周围组织材料的相对电容率,因此允许在组织介质和胶囊之间的过渡边界附近对电磁波进行最低程度的反射。

分别在距离胃部正面 89 mm 的位置处、距离胃部左侧 88 mm 的位置处和距离头顶 64 mm 的位置处将天线插入小肠,置入小肠内的天线示意图如图 7.3 所示。刚开始时,为研究 SAR 和温度效应,将 FCC 管控输入脉冲作为激励脉冲使用(图 7.4),激励时使用 FCC 管控 IR - UWB 脉冲有助于将所获得

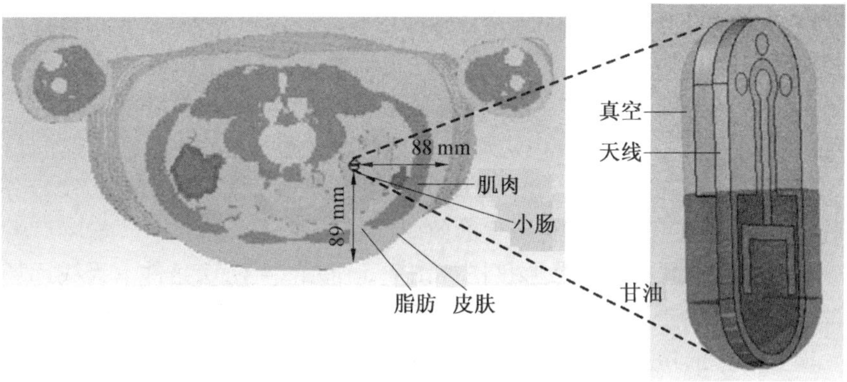

图 7.3　置入小肠内的天线示意图

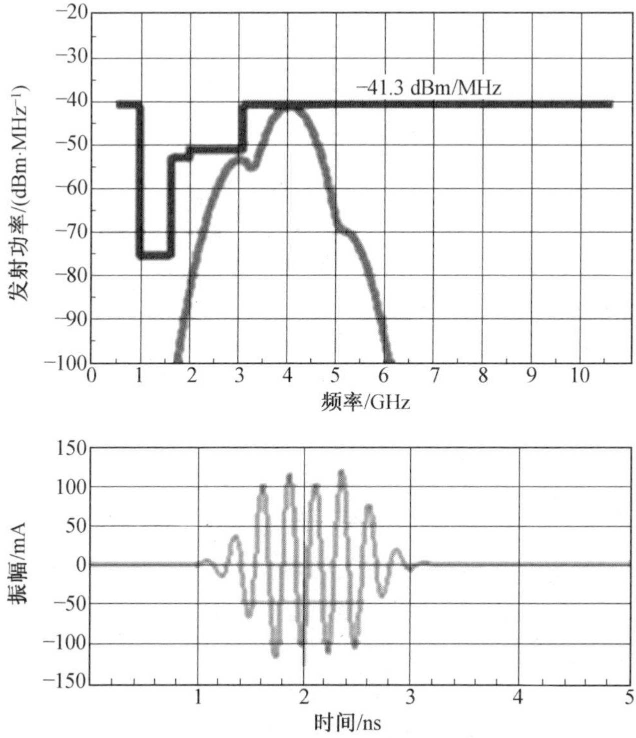

图 7.4　FCC 管控输入脉冲及其功率谱

的结果与参考文献中提供的结果进行比较。在50 ns的周期里,可以从脉冲串中获得持续时间为2 ns的脉冲,使用带通滤波器(BPF)得到在3.5 ~ 4.5 GHz带宽范围内脉冲的功率。刚开始时,为确保来自天线的辐射功率在FCC管控功率谱的范围之内,已经对信号的脉冲振幅进行了调节。采用模拟软件将

3.5 ~4.5 GHz 的频率范围的 UWB 脉冲功率谱进行积分,即完成功率计算。模拟时,经过组织吸收之后,天线会呈现负增益值,这就意味着自由空间中所发射的信号功率低于植入天线的辐射功率。因此,为使自由空间发射的功率在经过组织吸收之后符合 FCC 规范,可以加大激励信号,使激励天线的信号功率高于室外允许的41.3 dBm/MHz 这一功率限值。需要进行模拟实验分析这种控制对 SAR 和温度变化产生的效应。

植入天线位置的 S 参数强度图如图 7.5 所示。4 GHz 条件下天线远场增益的二维极坐标图如图 7.6 所示。天线中心的 *X* - *Y* 平面图给出了远场增益。图 7.6 中的角度(Phi) 是在穿过天线中心 *X* 轴的逆时针方向上测量得到的。采用式(7.13) 可以计算出三维的远场天线增益,并且采用 *X* - *Y* 平面图交叉点处的增益值将其转换为二维图。

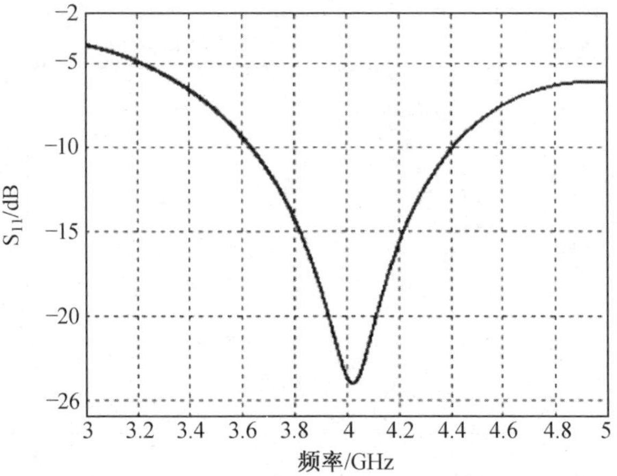

图 7.5　植入天线位置的 S 参数强度图

从这些远场结果可以看出二维天线增益达到了 - 63 dBi。通过模拟可以观察到最大的三维增益会略高于二维增益,而且处于相同的方向。由于周围组织块的功率吸收率很高,因此增益就非常低。经过组织吸收所记录的负天线增益意味着如果符合 SAR 和 SA 所适用的法规,则可以在天线激励时采用比进行 IR - UWB 信号室内传输时 FCC 推荐采用的41.3 dBm/MHz 频谱遮罩高出很多的功率级[49,50]。传输到天线处的功率在布置上应当保证因组织吸收而发生功率损失之后的 IR - UWB 功率在 FCC 认可的频谱遮罩范围内,同时对FCC 规范管控IR - UWB 脉冲以及一个功率谱高于 FCC 规定频谱遮罩的 IR - UWB 脉冲进行模拟,从而对 SAR 的变化进行评估和比较。

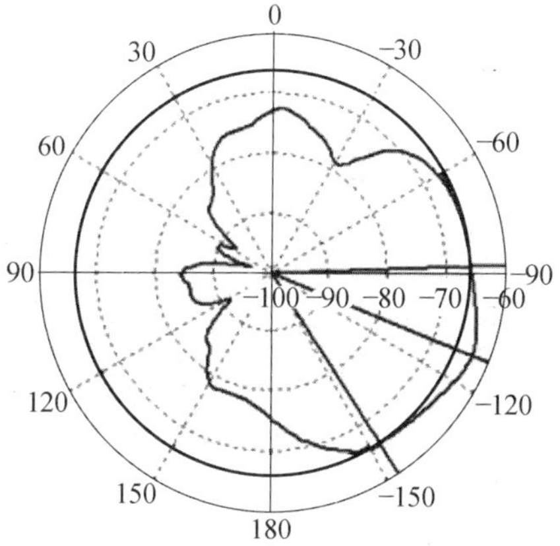

图7.6 4 GHz条件下天线远场增益的二维极坐标图

7.3.2 因运行基于IR - UWB的WCE设备而产生的SAR、SA变化

对放置在固定位置处的WCE天线需要进行不同信号功率级SAR和温度模拟。红外超宽带脉冲在光谱输入功率限制下的人体三维模型中10个平均SAR变化的仿真侧视图和俯视图如图7.7所示。其中,图7.7(a)和图7.7(d)为 - 41.3 dBm/MHz,带内功率为0.000 24 mW;图7.7(b)和图7.7(e)为 - 1.82 dBm/MHz,带内功率为21.5 mW;图7.7(c)和图7.7(f)为21.7 dBm/MHz,带内功率为4.38 W。图7.7(a)给出了IR - UWB脉冲的SAR变化,该脉冲的带内总信号功率级在FCC给出的 - 41.3 dBm/MHz这一频谱遮罩范围内。图7.7(b)中的SAR变化与IR - UWB脉冲相对应,该脉冲会产生最大为2 W/kg的10克组织平均SAR值,即ICNIRP的允许SAR限值。图7.7(c)展示了IR - UWB脉冲的SAR在不同位置的变化,保证了人体外的信号功率级属于FCC规定频谱遮罩内的IR - UWB脉冲。利用式(7.9)计算出每一种方案的最大SA值,计算SA值时需要用到2 ns的IR - UWB脉冲宽度。三种不同方案下的IR - UWB脉冲的带内功率会随脉冲振幅的改变而发生变化,每种模拟的总带内功率可以通过将3.5 ~ 4.5 GHz的频段中的IR - UWB脉冲功率谱积分得出。为在所有的方案中体现出最大SAR,需要设定图7.7中的色标,并且以对数方式进行标记,从而得到一个低SAR值可接受的分辨度。

图7.7中的结果表明了第三种方案的SAR变化。此时为获得功率级属于体外FCC允许频谱遮罩范围的某一信号而需要调节其输入信号功率,其SAR变化可以与超出2 W/kg这一ICNIRP允许的水平相对应。换句话说,从这些

结果可以看出，2 W/kg 这一 ICNIRP 管控 SAR 等级可以确定从天线处辐射的最大允许信号功率，它对应着带内总信号功率达到 21.5 mW 的 IR – UWB 脉冲。由于 FCC 管控 IR – UWB 输入脉冲中带内功率很小，因此图 7.7(a) 中的 SAR 变化相对较低。

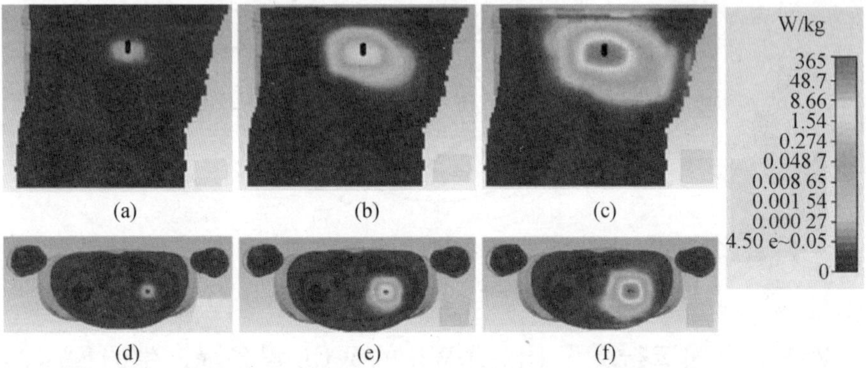

图 7.7　红外超宽带脉冲在光谱输入功率限制下的人体三维模型中 10 个平均 SAR 变化的仿真侧视图和俯视图

7.3.3　由基于 IR – UWB 的 WCE 设备造成的温度变化

IR – UWB 脉冲影响下的人体模型温度变化侧视图如图 7.8 所示。图 7.7(a) 中峰值谱输入功率限制为 41.3 dBm/MHz，带内信号总功率为 0.002 4 mW；图 7.7(b) 中对应数值为 – 1.82 dBm/MHz 和 21.5 mW。当达到稳定的状态时就会出现温度的上升，初始体温被视为 37 ℃。由图 7.8(a) 可以看出，整个人体的温度已经从 37 ℃ 的初始体温上升到 37.173 ℃。与那些远离 WCE 设备的组织相比，WCE 设备周围的组织中温度并未显著上升。这一点的原因具体是整个身体的温度是因人体的新陈代谢活动而上升为 37.173 ℃。由于周围组织的功率吸收，因此满足 FCC 规范的已发送 IR – UWB 脉冲的信号功率并不足以造成明显的温度上升。在这种情况下，人体内的血液灌注可以调节因少量功率吸收而造成的分钟温度上升。同时，图 7.8(b) 中模拟所用的发送脉冲功率大得足以使非常接近 WCE 设备的组织温度上升。可以观察到接近 WCE 设备的组织温度已经上升到最大值 37.354 ℃，同时其他部分的组织因新陈代谢活动温度而达到了 37.173 ℃。本节中的 SAR 评估值与参考文献中的相关研究进行了比较，SAR/SA 比较见

表 7.2。

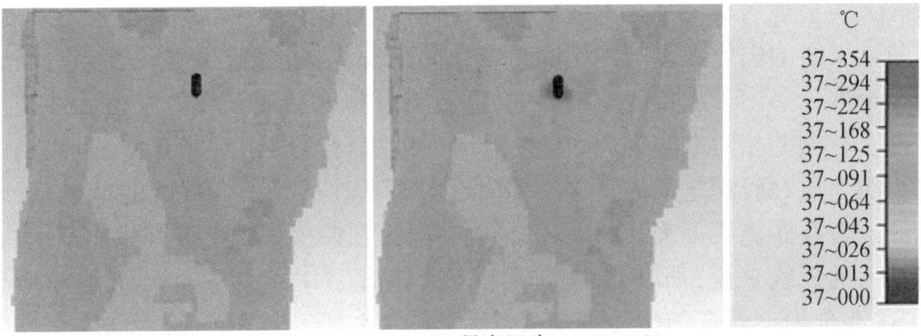

(a) 最高温度=37.173 ℃　(b) 最高温度=37.354 ℃

图 7.8　IR - UWB 脉冲影响下的人体模型温度变化侧视图

表 7.2　SAR/SA 比较

参考文献	方案	身体部位	参考输入功率	频率	最大 10 克 SAR/SA
[8]	体内	腹部	25 mW	2.4 GHz	0.37 W/kg (SAR)
				1.2 GHz	0.64 W/kg (SAR)
				800 MHz	0.66 W/kg (SAR)
				430 MHz	0.62 W/kg (SAR)
				400 MHz	0.54 W/kg (SAR)
[22]	体内	腹部	1 W (IR - UWB)	8.75 GHz	8.95 W/kg (SAR)
本书	体内	腹部	- 41.3 dBm/MHz	3.5 ~ 4.5 GHz	0.2 mW/kg (SAR)
			管控 IR - UWB		0.4 pJ/kg (SA)
			21.5 mW (IR - UWB)		2 W/kg (SAR)
					4 nJ/kg (SA)

7.4　案例研究 2:头部植入应用中 IR - UWB 信号造成的电磁效应

本节综合了文献[39,51]的研究成果,介绍因头部植入应用中所用 IR - UWB 信号而造成的 SAR/SA 变化和温度上升。

7.4.1　头部可植入天线模型与阻抗匹配

进行这些模拟时会使用上述章节中所述的头部植入式天线。天线的带宽为1 GHz,中心频率大约为4 GHz,这样可以满足FCC对UWB通信的带宽要求。天线会被插入一个与天线尺寸相比厚度可以忽略不计的胶囊状壳体内,以防止天线的辐射元件与周围的组织之间出现直接接触,发射元件会占据天线下半部分。出于阻抗匹配的目的,需要将模拟时所用天线的发射元件插入甘油。甘油的相对电容率为50,接近周围组织材料的相对电容率,因此允许在组织介质和胶囊之间的过渡边界附近对电磁波进行最低程度的反射,天线需要放置在距离头部表面6 mm的位置。通过在模拟基础上进行优化,对于头部植入的天线来说,所获得的胶囊半径最佳值(“D”) 为 5 mm,天线模型与CTST 头部模型结合的仿真场景示意图如图 7.9 所示。

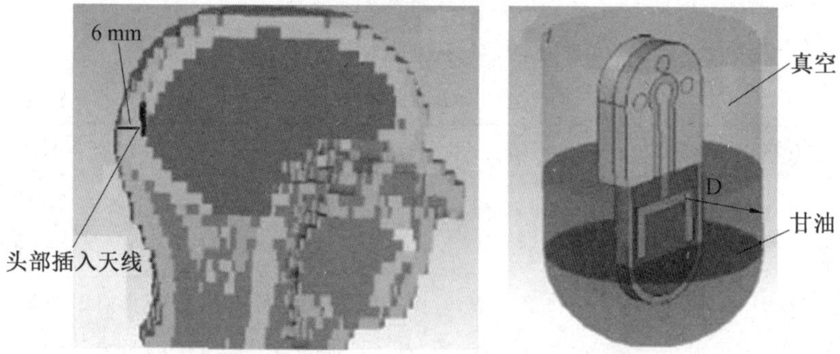

(a) 天线插入头部　　(b) IR-UWB可植入天线

图 7.9　天线模型与 CTST 头部模型结合的仿真场景示意图

图 7.10 和图 7.11 分别体现了 S 参数的特性以及天线增益 / 远场指向性特性。其中,图 7.11(a) 和图 7.11(b) 为植入天线的方向性仿真;图 7.11(c) 和图 7.11(d) 为植入天线的增益仿真;图 7.11(a) 和图 7.11(c) 为天线从大脑向外辐射的场景;图 7.11(b) 和图 7.11(d) 为天线向大脑方向辐射的场景。应当注意的是,天线的近场特性主要会对人体组织的 SAR 和热行为产生影响。近场模拟的特性会在后续的结果部分展示。尽管远场伸出大脑外部,不会影响 SAR,但是为在不同的方案中比较天线的性能并且弄清天线所辐射最大功率的传递方向,需要体现出远场特性。

采用下列方程式可以计算出三维的远场天线增益,即

$$G = 4\pi \cdot \frac{P_{\mathrm{rad}} - P_{\mathrm{tissue}}}{P_{\mathrm{i}}} \tag{7.13}$$

式中　G—— 三维增益;

P_{rad}—— 每单位立体角所辐射的功率;

P_{tissue}—— 在单位立体角范围内被组织所吸收的功率;

P_{i}—— 经过天线反射之后天线的接收功率。

应当注意的是，对于与低吸收率组织相对应的天线位置来说，天线增益会很大。

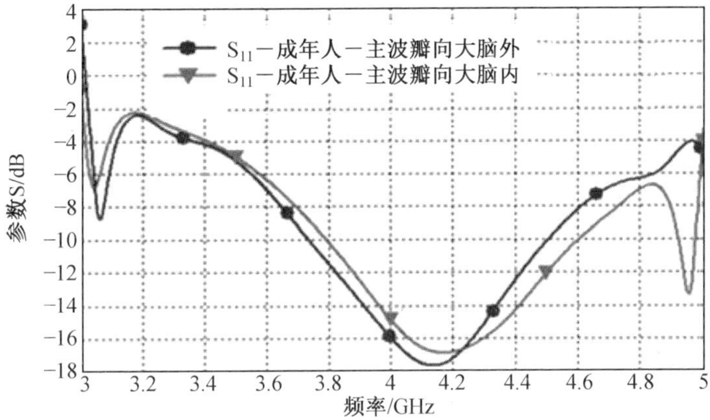

图7.10　适用于两种不同定向植入模型的 S_{11} [39]

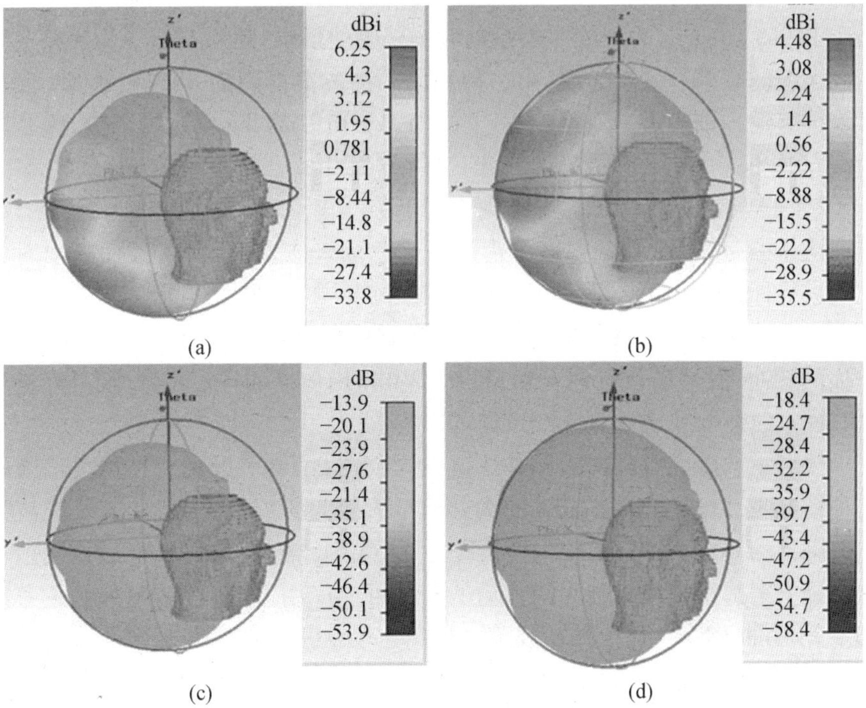

图7.11　30岁成人头部在三种不同信号功率水平下SAR变化的仿真分析

7.4.2　不同信号功率级的 SAR 变化

采用开发出来的模拟模型(图 7.11)分析在三种不同信号功率级情况下一个 30 岁的成人头部模型的 10 克平均 SAR 值变化。第一种方案采用符合 FCC 规范的IR－UWBIR－UWB脉冲,该脉冲在指定的－41.3 dBm/MHz限值范围以内。考虑到图 7.11(a)(c)中的结果可以获得第二种方案,可以在后面的图中看出,所形成的最大天线增益为－13.9 dBi,这就意味着如果将某一峰值功率限值比－41.3 dBm/MHz 这一 FCC 管控峰值功率限值高出 13.9 dB 的脉冲作为已植入天线的功率,则自由空间的辐射将维持在 FCC 规定的限值内,这样就会对应于峰值频谱限值为－27.4 dBm/MHz 的输入脉冲。第三种方案中使用了可以产生最大SAR为2 W/kg的IR－UWB脉冲,ICNIRP法规将后一数值指定为最大允许 SAR 限值。为与 ICNIRP 对脉冲传输的专门规定进行比较,可以用 2 ns 的脉冲宽度计算出之前三种方案中的吸收系数(SA)。

基于成人头部模型的 SAR 变化的侧视图如图 7.12 所示。其中,图 7.12(a)(b)(c)为天线主瓣指向大脑外侧的场景;图 7.12(d)为天线主瓣指向大脑的背景。结果表明,第一种和第二种方案得到的 SAR 值和 SA 值都可以很好地分别满足 ICNIRP 规定的 2 W/kg 和 2 mJ/kg 单脉冲限值,这是因为信号中包含的功率极小(在第一种方案中,已接受的带内总功率为 0.002 4 mW,而在第二种方案中则为0.050 4 mW,此时考虑带宽为1 GHz)。应当注意的是,在所有的方案中需要设定色标来体现最大 SAR,而且以对数方式进行标记,从而得到一个低 SAR 值可接受的分辨度。第三种方案中的 SAR 变化会采用一个峰值限值为 0.9 dBm/MHz 且适用于图 7.4 中脉冲振幅增加的脉冲,但是这会与 FCC 对 IR－UWB 室内传播的规定相悖,而且在进行这些模拟时还需要考虑到天线定向的影响。

根据主波瓣究竟是向大脑外还是向大脑内,需要考虑到两种情况。在前一种情况中,以一个 30 岁成人的头部模型大脑为研究对象,得到天线主波瓣向大脑外的 SAR 变化;在后一种情况中,天线主波瓣会朝向大脑进行辐射。这两种方案都反映出头部无线传输的各种可能应用,这两种情况都已经考虑到了 FCC 的 IR－UWB 脉冲规范。图 7.12(a)(d)中给出了得到的相关结果。对于天线主波瓣指向成人大脑的模型来说,其 SAR 值会比图 7.12(a)中所示的对应值高 0.007 mW/kg。

相比较而言,这一数值可以忽略不计,而且会在近场中通过不同的定向产生。

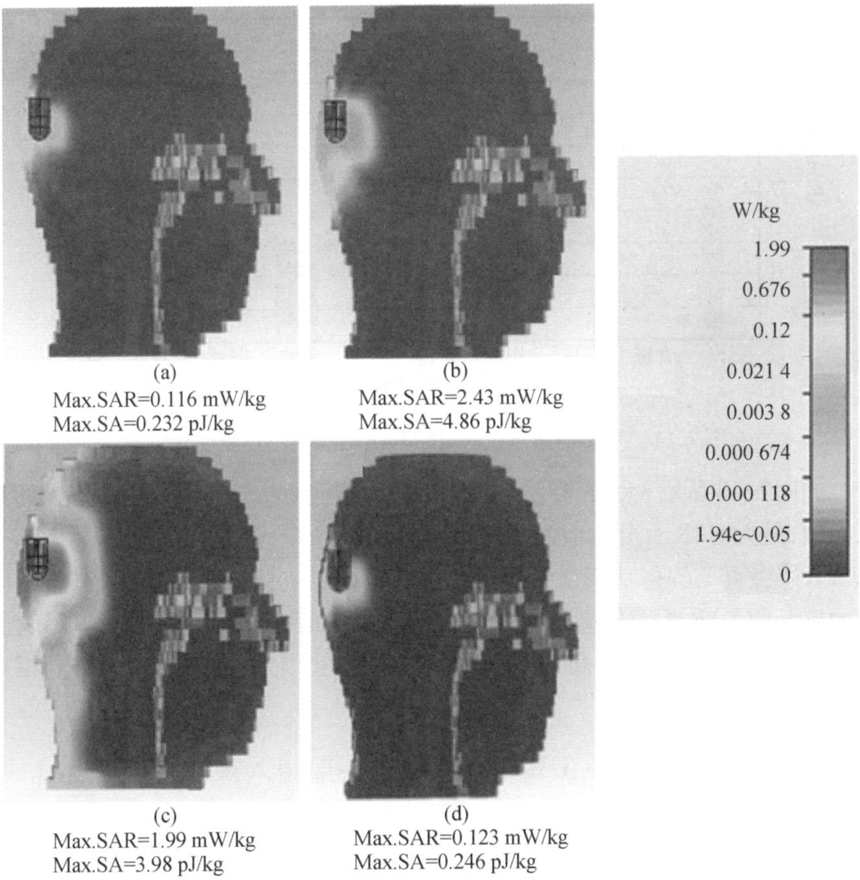

图7.12 基于成人头部模型的SAR变化的侧视图

7.4.3 人脑中不同组织材料的SAR变化

如图7.13所示为模拟时考虑的组织SAR百分比与质量变化,图中给出了当天线主波瓣朝向大脑外部,IR - UWB 信号峰值功率限值为 - 27.4 dBm/MHz时,所有组织类型的SAR变化百分比,这种情况可以与图7.12(c)中说明的模拟相对应,每一种组织类型的质量百分比会连同SAR一起给出。

本方案中记录的SAR总和为0.102 mW/kg,而头部组织的总质量则等于4.766 kg。应当注意的是,通过将吸收到的总功率除以相应的组织质量可以计算出总SAR,这与计算10克平均SAR时考虑对10克组织材料进行局部平均并且保持最大值的方法不同。

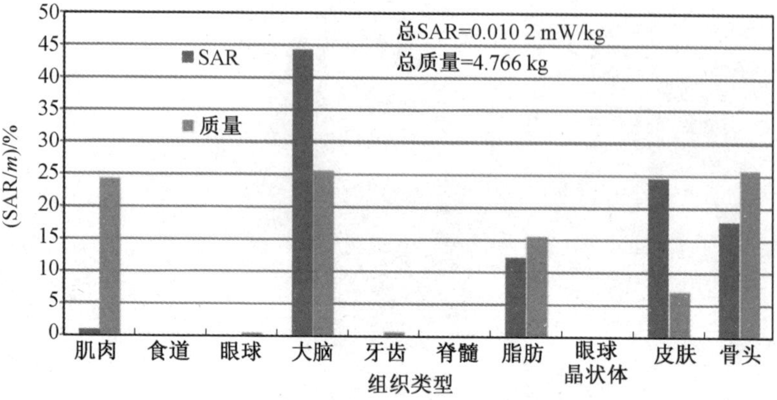

图 7.13 模拟时所考虑的组织 SAR 百分比与质量变化[39]

如图7.13所示,大脑、脂肪、皮肤和骨头均可视为SAR百分比值很大的组织类型,最大SAR百分比值出现在大脑组织记录中,这是因为事实上大部分来自天线旁瓣的辐射功率都会指向后者。考虑到皮肤质量百分比较低,可以认为皮肤的SAR相对较高,这主要是因为前者的组织中含水量很大。尽管骨组织质量百分比相对较高,但是其中的含水量很低,会造成SAR值相对较小。

7.4.4 由以 IR – UWB 为基础的头部植入操作造成的温度变化

模拟时用的是相同的输入功率方案,图7.12(a)(b)(c)是温度变化值,生物热方程式考虑了基础代谢率和血液灌注的变化。由于激励脉冲的持续时间很短,因此假定发汗的热传导可以忽略不计。当获得稳定的状态时就会出现温度上升,初始体温被视为37 ℃。信号在峰值谱功率限制下的强度变化模拟结果如图7.14可以说明已经出现的温度变化。其中,图7.14(a)为 – 41.3 dBm/MHz;图7.14(b)为 – 27.4 dBm/MHz;图7.14(c)为0.9 dBm/MHz且采用生物热方程;图7.14(d)为 – 27.4 dBm/MHz未采用物热方程式[39]。

从图7.14(a)(b)中可以看出,整个头部的温度会从37 ℃的初始温度上升至37.178 ℃。在非常接近天线的组织与那些与天线保持相当大距离的组织之间不会观察到明显的温差,这一点可以解释如下。头部的温度会由于组织中的新陈代谢活动而整体上升到37.178 ℃。图7.14(a)(b)中的天线输入功率不够大,所以不会由于组织的功率吸收导致明显的温度上升。这两种情况下因为少量辐射功率造成的温度上升幅度很小,所以可以通过头部内的血

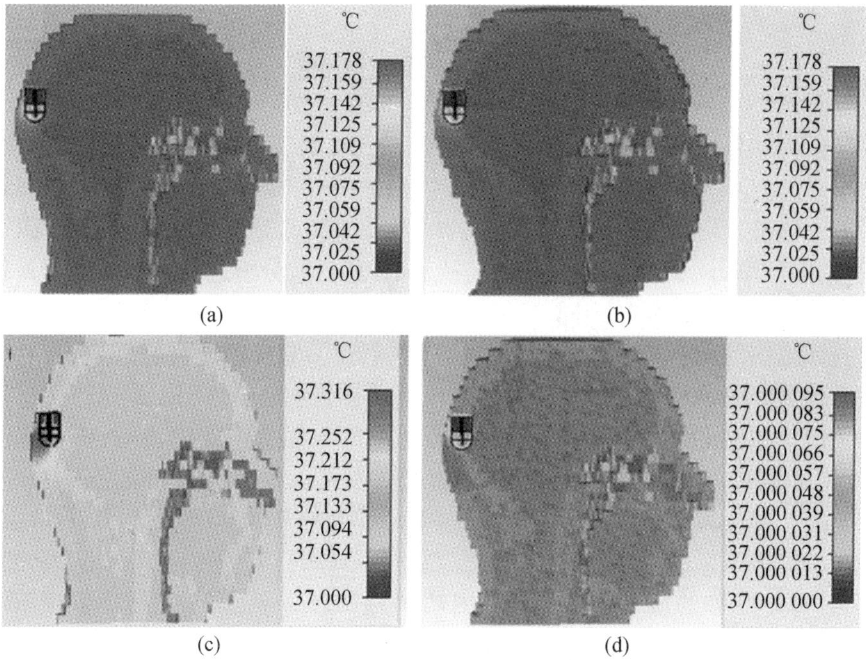

图 7.14　信号在峰值谱功率限制下的强度变化模拟结果

液灌注进行控制。图 7.14(c)(d) 中的相关结果会进一步证明这一解释。对于图7.14(c) 中的情况来说,发送到天线处的功率会高于图7.14(a)(b) 中的功率。发送到天线处的大功率会产生足够大的电场使组织能够进行高度功率吸收,其结果是这种大量的功率吸收会在组织中造成相当大的温度上升。从图7.14(c) 中可以清楚地看到,更加靠近天线处的温度会高于(模拟时记录的最大温度为 37.316 ℃) 其余部分组织因新陈代谢活动而产生的温度上升(即 37.178 ℃)。图 7.14(d) 中进行的模拟忽略了因这些新陈代谢活动而产生的热量而且不会通过血液灌注来控制温度。激励脉冲的功率会被设定成属于 - 27.4 dBm/MHz 的频谱遮罩范围,该频谱遮罩类似于图 7.14(b) 中的频谱遮罩。图7.14(b) 在这种情况下能够在天线附近观察到可忽略不计的温度的上升,这一点可以证明图 7.14(b) 中的模拟没有出现明显温度上升的原因正是血液灌注。在全部四幅图中可以看到,甘油区内天线的温度比周围组织因新陈代谢活动而受热的温度要低一些,这是因为甘油的初始温度低于模拟时的体温。

7.5　本章小结

作为一种适用于 WCE 和神经记录系统等各种无线植入式通信应用且利润丰厚的技术,IR - UWB 已经引起了人们的研究兴趣。然而,使用高频和宽带 IR - UWB 信号会造成人体组织的电磁功率吸收量增大。为评估将 IR - UWB 信号作为一种无线植入式通信技术的可行性,分析这些电磁效应就显得非常重要。与窄带信号不同,IR - UWB 信号属于大带宽的高频信号。因此,从人体组织的相对电容率角度对这种与频率有关的特性进行特征化,在获取可靠的 IR - UWB 信号产生的电磁效应上发挥着重要的作用。本章说明了用于无线体域网的两种 UWB 植入设备所造成的电磁接触效应,即头部植入和 WCE 设备。对于 IR - UWB 的 WCE 应用来说,可以看出 SAR 值决定了在采用带宽为 1 GHz 和中心频率为 4 GHz 的 IR - UWB 信号的 WCE 设备可以使用的最大 IR - UWB 发射功率。经研究发现,对本章所研究的特定 WCE 设备位置而言,每一脉冲的最大允许总计带内功率为 21.5 mW,这一发射功率级所产生的温度上升在人体热调节机制的控制范围内。

对于头部植入应用来说,FCC 规定的 UWB 通信的室外发射功率决定了某一植入的 IR - UWB 发射机的最大允许信号功率。可以看出,对基于 UWB 的头部植入应用来说,信号最大峰值功率限值为 - 27.4 dBm/MHz 时的 SAR 和 SA 结果满足 ICNIRP 规范,同时当其传播到室外环境中时会发送一个位于 FCC 频谱遮罩范围内的 UWB 信号。经研究发现,因头部组织与那些峰值功率限值的 IR - UWB 电磁场相接触而造成的温度上升恰好位于人体热调节机制的控制范围内。实验结果表明,可以采用某一高于室外允许 - 41.3 dBm/MHz 功率限值的信号功率来激励天线。图 7.14 的四张图说明了峰值功率比 FCC 规定功率限制高 13.9 dB 的脉冲可用于 IR - UWB 的头部植入应用,而且此时并不会违犯 SAR/SA 限值的规定,也不会违反这一特定模型的室外 FCC 规定。

参考文献

[1] N. Gopalsami, I. Osorio, S. Kulikov, S. Buyko, A. Martynov, A. C. Raptis, SAW Microsensor Brain Implant for Prediction and Monitoring of Seizures. IEEE Sens. J. 7(7), 977-982 (2007)

[2] A. V. Nurmikko, J. P. Donoghue, L. R. Hochberg ,W. R. Patterson,Y. -K. Song,C. W. Bull,D. A. Borton,F. Laiwalla,S. Park,Y. Ming,J. Aceros, Listening to brain microcircuits for interfacing with external world. Proc. IEEE Prog. Wirel. Implantable Microelectron. Neuroeng. Devices 98(3), 375-388 (2010)

[3] C. Cavallotti,M. Piccigallo,E. Susilo,P. Valdastri,A. Menciassi,P. Dario, An integrated vision system with autofocus for wireless capsular endoscopy. Sens. Actuators,A 156(1),72-78 (2009)

[4] X. Chen,X. Zhang,L. Zhang,X. Li,N. Qi,H. Jiang, Z. Wang, A wireless capsule endoscope system with low-Power controlling and processing ASIC. IEEE Trans. Biomed. Circ. Syst. 3(1),11-22 (2009)

[5] ICNIRP,Guidelines for Limiting to time varying electric,magnetic,and electromagnetic fields (up to 300 GHz),in International Commission on Non-ionizing Radiation Protection,1997

[6] Institute of Electrical and Electronics Engineers (IEEE),in IEEE Standard for Safety Levels with Respect to Human Exposure to Radio Frequency Electromagnetic Fields,3 kHz to 300 GHz. IEEE Std C95. 1-2005 (2005)

[7] P. Soontornpipit,Effects of radiation and SAR from wireless implanted medical devices on the human body. J. Med. Assoc. Thai. 95(2),189-197 (2012)

[8] L. Xu, M. Q. H. Meng, H. Ren, Y. Chan, Radiation characteristics of ingestible wireless devices in human intestine following radio frequency exposure at 430,800,1200,and 2400 MHz. IEEE Trans. Antennas Propag. 57(8),2418-2428 (2009)

[9] Q. Wang,J. Wang,SA/SAR analysis for multiple UWB pulse exposure,in Asia-Pacific Symposium on Electromagnetic Compatibility and 19th International Zurich Symposium on Electromagnetic Compatibility,pp. 212-215,19-23 May 2008

[10] M. Klemm,G. Troester,EM energy absorption in the human body tissues due to UWB antennas. Prog. Electromagnet. Res. 62,261-280 (2006)

[11] V. De Santis,M. Feliziani,F. Maradei,Safety assessment of UWB radio systems for body area network by the FD2TD method. IEEE Trans. Magn. 46(8),3245-3248 (2010)

[12] Z. N. Chen, A. Cai, T. S. P. See, X. Qing, M. Y. W. Chia, Small planar UWB antennas in proximity of the human head. IEEE Trans. Microw. Theor. Tech. 54(4),1846-1857 (2006)

[13] C. Buccella,V. De Santis,M. Feliziani,Prediction of temperature increase in human eyes due to RF sources. IEEE Trans. Electromagn. Compat. 49(4),825-833 (2007)

[14] N. I. M. Yusoff,S. Khatun,S. A. AlShehri,Characterization of absorption loss for UWB body tissue propagation model,in IEEE 9th Malaysia International Conference on Communications, pp. 254-258, 15-17 Dec 2009

[15] A. Santorelli,M. Popovic,SAR distribution in microwave breast screening: results with TWTLTLA wideband antenna,in Seventh International Conference on Intelligent Sensors,Sensor Networks and Information Processing,pp. 11-16,6-9 Dec 2011

[16] F. Shahrokhi,K. Abdelhalim, D. Serletis, P. L. Carlen, R. Genov,The 128-channel fully differential digital integrated neural recording and stimulation interface. IEEE Trans. Biomed. Circuits Syst. 4(3),149-161 (2010)

[17] M. Chae, Z. Yang, M. R. Yuce, L. Hoang ,W. Liu,A 128-channel 6 mW wireless neural recording IC with spike feature extraction and UWB transmitter. IEEE Trans. Neural Syst. Rehabil. Eng. 17,312-321 (2009)

[18] Y. Gao,Y. Zheng,S. Diao,W. Toh,C. Ang,M. Je,and C. Heng,Low-power ultra-wideband wireless telemetry transceiver for medical sensor applications. IEEE Trans. Biomed. Eng. 58(3),768,772 (2011)

[19] K. M. S. Thotahewa, A. I. AL-Kalbani, J. -M. Redoute, M. R. Yuce, Electromagnetic Effects of Wireless Transmission for Neural Implants, Neural Computation,Neural Devices,and Neural Prosthesis (Springer, New York,2014)

[20] O. Novak,C. Charles,R. B. Brown,A fully integrated 19 pJ/pulse UWB transmitter for biomedical applications implemented in 65 nm CMOS technology,in 2011 IEEE International Conference on Ultra-Wideband (ICUWB),pp. 72-75,14-16 Sept 2011

[21] W. -N. Liu,T. -H. Lin,An energy-efficient ultra-wideband transmitter with an FIR pulse-shaping filter,in International Symposium on VLSI Design, Automation,and Test,pp. 1-4,23-25 Apr 2012

[22] T. Koike-Akino, SAR analysis in tissues for in vivo UWB body area networks, in IEEE Global Telecommunications Conference, pp. 1-6, 30 Nov-4 Dec 2009
[23] P. J. Dimbylow, Fine resolution calculations of SAR in the human body for frequencies up to 3 GHz. Phys. Med. Biol. 47(16), 2835-2846 (2002)
[24] M. R. Basar, M. F. B. A. Malek, K. M. Juni, M. I. M. Saleh, M. S. Idris, L. Mohamed, N. Saudin, N. A. Mohd Affendi, A. Ali, The use of a human body model to determine the variation of path losses in the human body channel in wireless capsule endoscopy. Prog. Electromagnet. Res. 133, 495-513 (2014)
[25] D. Kurup, M. Scarpello, G. Vermeeren, W. Joseph, K. Dhaenens, F. Axisa, L. Martens, D. Vande Ginste, H. Rogier, J. Vanfleteren, In-body path loss models for implants in heterogeneous human tissues using implantable slot dipole conformal flexible antennas. EURASIP J. Wireless Commun. Netw. ISSN: 1687-1499 (2011)
[26] A. Khaleghi, I. Balasingham, Improving in-body ultra wideband communication using nearfield coupling of the implanted antenna. Microw. Opt. Technol. Lett. 51(3), 585-589 (2009)
[27] A. Khaleghi, R. Chávez-Santiago, I. Balasingham, Ultra-wideband statistical propagation channel model for implant sensors in the human chest. IET Microwaves Antennas Propag. 5(15), 1805-1812 (2011)
[28] CST Studio Suite™, CST AG, Germany, http://www.cst.com, 2014
[29] FCC 02-48 (UWB First Report and Order), 2002
[30] S. Gabriel, R. W. Lau, C. Gabriel, The dielectric properties of biological tissues: Ⅲ. parametric models for the dielectric spectrum of tissues. Phys. Med. Biol. 41(11), 2271-2293 (1996)
[31] M. O'Halloran, M. Glavin, E. Jones, Frequency-dependent modelling of ultra-wideband pulses in human tissue for biomedical applications, in IET Irish Signals and Systems Conference, pp. 297-301 (2006)
[32] S. C. DeMarco, G. Lazzi, W. Liu, J. D. Weiland, M. S. Humayun, Computed SAR and thermal elevation in a 0.25-mm 2-D model of the human eye and head in response to an implanted retinal stimulator—part Ⅰ: models and methods. IEEE Trans. Antennas Propag. 51(9), 2274-2285 (2003)
[33] C. Gabriel, S. Gabriel, R. W. Lau, The dielectric properties of biological

tissues:I. Literature survey. Phys. Med. Biol. 41(11),2231-2249 (1996)
[34] A. Peyman,C. Gabriel,E. H. Grant,G. Vermeeren, L. Martens, Variation of the dielectric properties of tissues with age:the effect on the values of SAR in children when exposed to walkie-talkie devices. Phys. Med. Biol. 54(2),227-241 (2009)
[35] C. Gabriel,Dielectric properties of biological tissue:variation with age. Bioelectromagnetics,26(7),12-18 (2005)
[36] J. Wang,O. Fujiwara,S. Watanabe,Approximation of aging effect on dielectric tissue properties for SAR assessment of mobile telephones. IEEE Trans. Electromagn. Compat. 48(2),408-413 (2006)
[37] K. Lichtenecker,Die dielektrizitatskonstante naturlicher und kunstlicher mischkorper. Phys. Z. 27,115-158 (1926)
[38] P. L. Altman,D. S. Dittmer,Biology Data Book:Blood and Other Body Fluids (Federation of American Societies for Experimental Biology, Washington,DC,1974)
[39] K. M. S. Thotahewa,J. M. Redoute,M. R. Yuce,SAR,SA,and temperature variation in the human head caused by IR-UWB implants operating at 4 GHz. IEEE Trans. Microw. Theory Tech. 61,2161-2169 (2013)
[40] T. Weiland,M. Timm,I. Munteanu,A practical guide to 3-D simulation. IEEE Microwave Mag. 9(6),62-75 (2008)
[41] M. Clement,T. Weiland,Discrete electromagnetism with finite integral technique. Prog. Electromagn. Res. 32,65-87 (2001)
[42] IEEE C95. 3-2002,Recommended practice for measurements and computations of radio frequency electromagnetic fields with respect to human exposure to such fields,100 kHz-300 GHz,in IEEE Standard C95. 3,2002
[43] ACGIH,Threshold limit values for chemical substances and physical agents and biological exposure indices,in American Conference of Governmental Industrial Hygienists,1996
[44] H. H. Pennes,Analysis of tissue and arterial blood temperatures in resting forearm. J. Appl. Physiol. 1,93-122 (1948)
[45] M. Hoque,O. P. Gandhi,Temperature distributions in the human leg for VLF-VHF exposures at the ANSI recommended safety levels. IEEE Trans. Biomed. Eng. 35,442-449 (1988)

[46] P. Bernardi, M. Cavagnaro, S. Pisa, E. Piuzzi, Specific absorption rate and temperature elevation in a subject exposed in the far-field of radio-frequency sources operating in the 10-900-MHz range. IEEE Trans. Biomed. Eng. 50(3), 295-304 (2003)

[47] S. H. Lee, J. Lee, Y. J. Yoon, S. Park, C. Cheon, K. Kim, S. Nam, A wideband spiral antenna for ingestible capsule endoscope systems: experimental results in a human phantom and a pig. IEEE Trans. Biomed. Eng. 58(6), 1734-1741 (2011)

[48] A. Moglia, A. Menciassi, M. O. Schurr, P. Dario, Wireless capsule endoscopy: from diagnostic devices to multipurpose robotic systems. Biomed. Microdevices 9(2), 235-243 (2007)

[49] T. Dissanayake, K. P. Esselle, M. R. Yuce, Dielectric loaded impedance matching for wideband implanted antennas. IEEE Trans. Microw. Theory Tech. 57(10), 2480-2487 (2009)

[50] K. M. S. Thotahewa, J. M. Redoute, M. R. Yuce, Electromagnetic power absorption of the human abdomen from IR-UWB based wireless capsule endoscopy devices, in IEEE International Conference on Ultra-Wideband (ICUWB), pp. 79-84, 2013

[51] K. M. S. Thotahewa, J. -M. Redoute, M. R. Yuce, Electromagnetic and thermal effects of IR-UWB wireless implant systems on the human head, in 35th Annual International Conference of the IEEE Engineering in Medicine and Biology Society (EMBC), pp. 5179-5182, Osaka, Japan, Jul 2013

[52] G. Pan, L. Wang, Swallowable wireless capsule endoscopy: Progress and technical challenges. Gastroenterol. Res. Pract. 2012 (841691), 9 (2012)

[53] M. R. Yuce, T. Dissanayake, Easy-to-swallow wireless telemetry. IEEE Microw. Mag. 13, 90-101 (2012)

[54] C. Kim, S. Nooshabadi, Design of a tunable all-digital UWB pulse generator CMOS chip for wireless endoscope. IEEE Trans. on Bio-Med. Circuits Syst. 4(2), 118-124 (2010)

附录　部分彩图

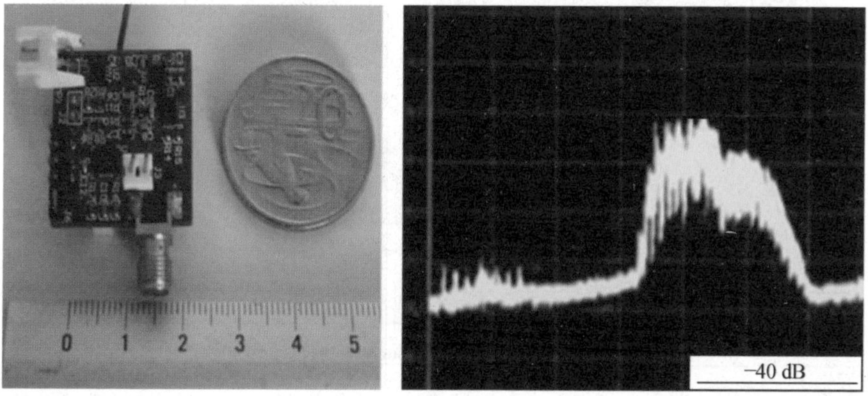

图 4.9

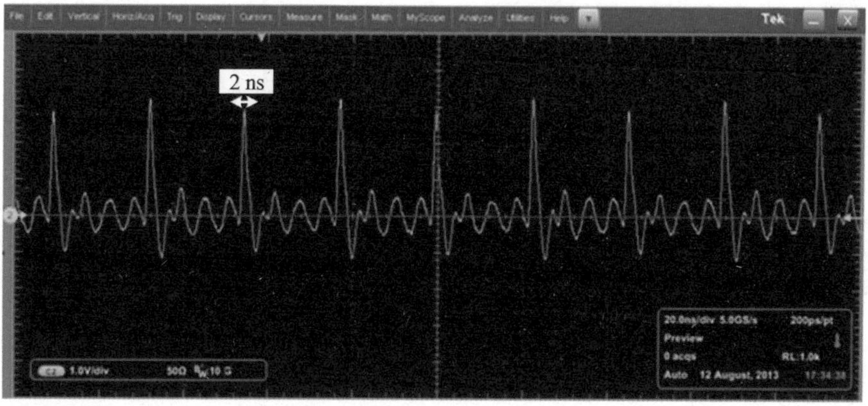

图 5.13

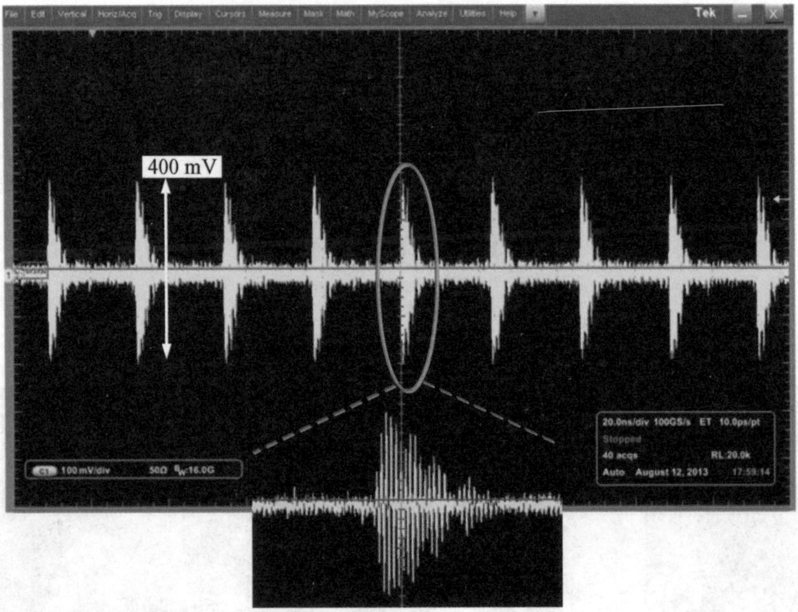
400 mV
100 mV/div
50Ω
20.0ns/div 100GS/s ET 10.0ps/pt
Stopped
40 acqs
RL:20.0k
Auto August 12, 2013

图 5.17

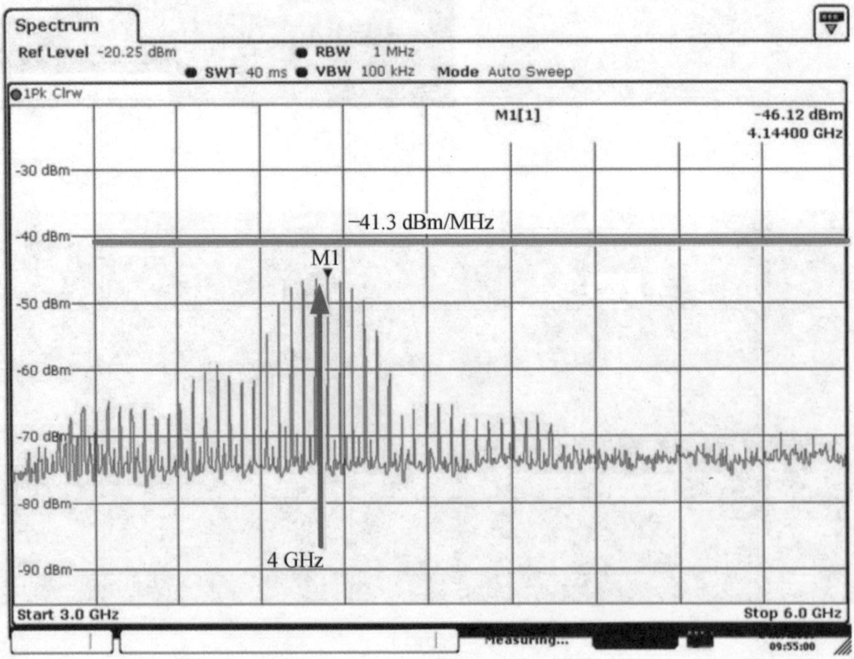
Spectrum
Ref Level -20.25 dBm
RBW 1 MHz
SWT 40 ms
VBW 100 kHz
Mode Auto Sweep
1Pk Clrw
M1[1]
-46.12 dBm
4.14400 GHz
-30 dBm
-40 dBm
-41.3 dBm/MHz
M1
-50 dBm
-60 dBm
-70 dBm
-80 dBm
-90 dBm
4 GHz
Start 3.0 GHz
Stop 6.0 GHz
Measuring...
09:55:00

图 5.18

```
library ieee;
use ieee.std_logic_1164.all;
use ieee.std_logic_arith.all;

entity PULSE_SYNC is

   port(
      clk : in std_logic; -- FPGA clock
      ADC_in : in std_logic_vector(11 downto 0); --12 bit input from ADC
      CLK_sel : out std_logic_vector(2 downto 0);-- Sampling clock to ADC module
      );
end entity PULSE_SYNC;

architecture SYNCArch of PULSE_SYNC is
   type Sync_block_type is (block1, block2, block3,
   block4, block5, block6);  -- Six Sync blocks for six sampling clocks
   signal Sync_block : Sync_block_type := block1;
   signal rxdata : std_logic_vector(11 downto 0);
   signal pulse_cnt : std_logic_vector (3 downto 0) := "0000"; --Count upto ten consecutive pulses

   SYNC : process(clk)

      variable ADC_store1,ADC_store2,ADC_store3,ADC_store4
      ,ADC_store5,ADC_store6,ADCmax : std_logic_vector(20 downto 0) ;
      variable opt_clk : std_logic_vector (2 downto 0); -- Optimum clock to be used in pulse detection
      variable ADC_max : std_logic_vector(20 downto 0):= "000000000000000000000";

      begin

         if clk'event and clk = '1' then

            case Sync_block is

               when block1 =>
                  CLK_sel <= "000"; -- Use clock no.1 for sampling 10 consecutive pulses (See Fig. 6-3)
                  rxdata <= ADC_in;
                  ADC_store1 := ADC_store1 + rxdata;
                  pulse_cnt <= Pulse_cnt + 1;

                  if pulse_cnt < "1001" then -- If number of pulses sampled are less than 10
                     Sync_block <= block1;
                  else                         -- When number of pulses sampled equal to 10
                     opt_clk := "000";  --Assign Clock no. 1 as the optimum sampling clock
                     ADC_max := ADC_store1; -- Assign ADCStore1 as the maximum recorded cumuative_
                                            -- _ADC sampling value
                     ADC_store1 := "000000000000000000000";
                     pulse_cnt <= "0000";
                     Sync_block <= block2;
                  end if;
            when block2 =>
                  CLK_sel <= "001"; -- Use clock no.2 for sampling 10 consecutive pulses (See Fig. 6-3)
                  rxdata <= ADC_in;
                  ADC_store2 := ADC_store2 + rxdata;
                  pulse_cnt <= Pulse_cnt + 1;

                  if pulse_cnt < "1001" then -- If number of pulses sampled are less than 10
                     Sync_block <= block2;
                  else if ADC_max < ADC_store2 then  -- If Clock no.2 records a larger cumulative_
                                                     --_sampling value than the previous maximum
                     opt_clk := "001";  --Assign Clock no. 2 as the optimum sampling clock
                     ADC_max := ADC_store2;
                     ADC_store2 := "000000000000000000000";
                     pulse_cnt <= "0000";
                     Sync_block <= block3;
                  else                   -- Else keep the previous maximum ADC and sampling clock
                                         --and move to next block
                     ADC_store2 := "000000000000000000000";
                     pulse_cnt <= "0000";
                     Sync_block <= block3;
                  end if;

                   --contd--
                   --contd--
            when block6 =>
                  CLK_sel <= "101"; -- Use clock no.6 for sampling 10 consecutive pulses (See Fig. 6-3)

                  rxdata <= ADC_in;
                  ADC_store6 := ADC_store6 + rxdata;
                  pulse_cnt <= Pulse_cnt + 1;

                  if pulse_cnt < "1001" then
                     Sync_block <= block6;
                  else if ADC_max < ADC_store6 then
                     ADC_max := "000000000000000000000";
                     ADC_store6 := "000000000000000000000";
                     pulse_cnt <= "0000";
                  else
                     CLK_sel <= opt_clk; -- Assign the optimum clock found as the ADC sampling_
                                         --_clock for rest of the packet (In case it is Clock. no 6_
                                         --_keep the CLK_sel assigned at the begining of this block)
                     ADC_max := "000000000000000000000";
                     ADC_store6 := "000000000000000000000";
                     pulse_cnt <= "0000";
                  end if;

         end case;
   end process SYNC;
end SYNCArch;
```

图 6.5

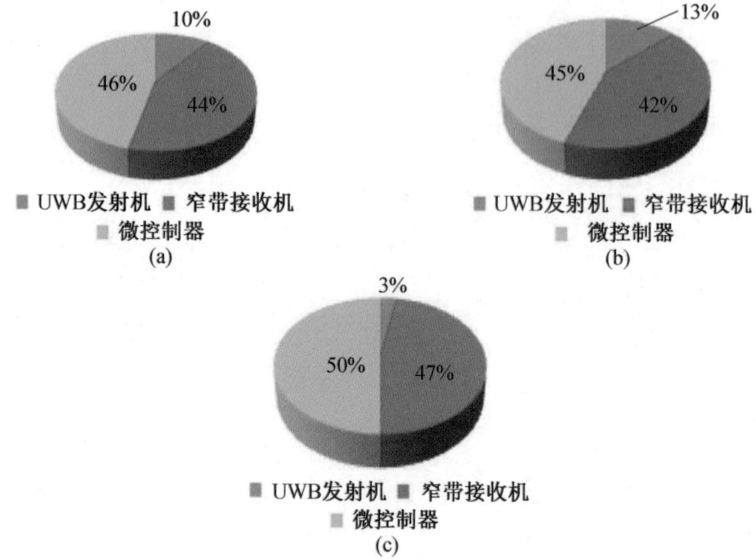
10%
46%
44%
UWB发射机 窄带接收机
微控制器
(a)
13%
45%
42%
UWB发射机 窄带接收机
微控制器
(b)
3%
50%
47%
UWB发射机 窄带接收机
微控制器
(c)

图 6.21

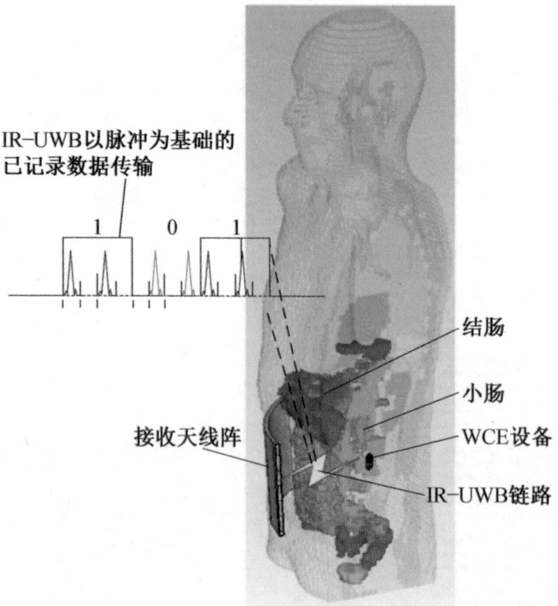
IR-UWB以脉冲为基础的
已记录数据传输
1
0
1
结肠
小肠
接收天线阵
WCE设备
IR-UWB链路

图 7.2